物理学実験テキスト

物理学実験指針

名古屋大学教養教育院物理学実験室 編

千代勝実・井村敬一郎 監修

学 生 番 号	曜日	グループ	氏　名

学術図書出版社

目 次

1 はじめに

物理学実験を受講するにあたって

　物理学は，物の本質や現象の背後にある法則を，論理的な思考と観察・実験によって追求し，多様な自然現象をできるだけ基本法則に立って解明することを目指す科学である．古典力学，電磁気学，熱力学，統計力学，量子力学，相対論などの物理学は，大学において自然科学を学ぶ基礎として，それぞれの専門課程に応じたいろいろな形で，カリキュラムのなかに組み込まれている．

　本学では，理科系学生のための初年度における物理学の授業として，古典力学，電磁気学の講義とともに，「物理学実験」が，すべての理科系学部学科 (理学部，医学部，工学部，農学部，情報学部) の学生に対して開講されている．実験の授業は学部によって 1 年前期 (I 期)，1 年後期 (II 期) あるいは 2 年前期 (III 期) に半年間開講され，授業時間は 2 コマ，修得単位は 2 単位である．この授業は学生自身が主体的に実験を行うことに重点をおき，物理量の測定や現象の観察を自ら行うことによって，その背景にある法則についての理解を深め，基本的な測定の方法と原理，各種測定機器の使用法などの実験技術を修得することを目的としている．同時に，実験に関連した演習を行って，測定したデータの処理方法，レポートの書き方などについても学習する．

　それぞれの実験テーマには歴史的・思想的・社会的・技術的な背景が存在する．自然科学のほとんどの分野で物理学的な実験装置や方法論が応用されているので，物理に興味がある人も，違う分野に進んでいこうとする人も，自分の専門と物理学実験で行うテーマが広い意味で関係していることに気づくかもしれない．

　この物理学実験の授業によって，講義だけからは得られない多くのものを学び，それぞれの専門分野における今後の勉学のために必要な基礎学力の 1 つを身につけていこう．

2 物理学実験指針の内容

この指針は，物理学実験の授業における実験，演習のためのテキストとして用いる．その内容は，次のような構成となっている．

(1) はじめに — 物理学実験を受講するにあたって
(2) 物理実験指針の内容
(3) 物理学実験の実施方法と受講手続き

ここでは，物理学実験の実施方法，受講のための手続き，あらかじめ準備するもの，実験における注意事項などについて述べてある．ガイダンスとともに，その内容を熟読して，問題のないように注意してほしい．

(4) 測定値の記録と整理

単位，有効数字，数値の計算，測定の不確かさの評価とその処理方法，グラフの表示法，最小2乗法，レポートの書き方などについて詳しく述べてある．この部分は，演習の教材として用いるが，自学自習にも利用できるように意図されている．

(5) 実験を安全に行うための注意

各実験テーマでは，そこで用いる実験機器についての原理や使用法，実験を行う上での注意などが説明されているが，多くのテーマに共通な注意事項を実験を安全に行うための心得として列挙してある．

(6) 基礎技術

実験で使用されるさまざまな測定機器，計器について，その原理，使用法，使用上の注意などが記述されている．各実験テーマの機器を使用する際には，それぞれの関連する部分を読み，あらかじめ使用法を理解していなければならない．使用法がわからない測定機器があるときは，この項を辞書的に参照する．

(7) 実験テーマ

各実験テーマは，「課題，原理，実験，測定値の整理と計算，実験ノートの記録例」の形式で書かれており，その内容は次のようになっている．

「課題」，「原理」にはそのテーマの実験課題，測定の原理が述べてある．実験を行うテーマについては，この部分と次の「実験」を予習し，およその内容を把握して，実験に臨まなければならない．

「実験」の「装置と器具」には，実験機器の使用方法についての説明と注意が述べられている．実験を始める前に，まず指針の説明を予習し，予備知識をもって機器を取り扱う．さらに必要があれば，「基礎技術」「付録」の項も参照する．「測定」には，実験の手順が詳細に記述してある．多くの場合，この手順に従って実験を行えば，必要なデータが得られるであろう．しかし，実験の全体を把握した上で実験を行わないと，実験方法を誤り，事故を引き起こす原因ともなる．何をどのように測定するか，全体を理解してから実験を始めよ．

「測定値の整理と計算」は，得られた測定値のデータから結果を求める計算方法，不確かさの評価方法などについて要約してある．

「実験ノートの記録例」は，実験ノートに記録する場合の形式の例である．これは1つの例であって，この形式通りにノートに記録するということではない．むしろ，この例を参考にして，各自がそれぞれのスタイルで実験ノートを書くことが大切である．

提出するレポートは，それぞれの実験テーマによって異なるが，これについては，後に「3.13 レポートの作成と提出」で詳しく述べる．また，考察のヒントが各実験テーマにあるので考察の参考にすること．

(8) 付録

単位と記号，物理基礎定数，間接測定における不確かさ，初等関数と微分積分，微分方程式の解法など，実験に必要なデータや数学的な予備知識が付録として与えられている．

3 物理学実験の実施方法と受講手続き

物理学実験の実施方法と受講するためのいろいろな事務的手続きについて述べる．受講者は熟読して疑問のないようにすること．

3.1 開講期とクラス指定

物理学実験の授業は，授業時間 2 コマ，修得単位 2 単位の授業として，1 年前期 (I 期)，1 年後期 (II 期) または 2 年前期 (III 期) に開講される．各期に開講される学部は，次のように指定されている．

I 期	理学部，情報学部
II 期	工学部
III 期	医学部，農学部

実験を行う曜日は，クラスごとに指定されている．実習では受け入れ可能な受講者数に限りがあるので，原則として，指定された期と曜日に受講しなければならない．

3.2 受講申請の手続きと受講者への連絡方法

受講希望者は教養教育院から指示された方法によって受講申請を行い，TACT の授業サイト，もしくは教養教育院学生ホールの掲示板に掲示される第 1 回目の授業に出席してガイダンスを受ける．実験および実習に際し，特に配慮が必要な場合は申し出ること．受講を取り消す場合も，実験テーマの指定の組替えが必要となるので，直ちに担当教員に申し出る．実験日程と実験テーマを指定した名簿を最初の実験日前に掲示する．受講申請者は最初の実験日までに自分の指定を確認し，受講を申請したにもかかわらず名簿に氏名がない場合には，早急に担当教員に申し出ること．

ガイダンス後，物理学実験に関する受講者への連絡事項は，ガイダンスで指示のある TACT の授業サイト，もしくは物理学実験掲示板に曜日ごとに掲示する．教養教育院学生ホールの掲示板には掲示されないので注意すること．

3.3 授業の実施方法

実習の授業は，実験と演習を組み合わせて実施する．その回数は，実施年度，曜日，受講者数などによって異なる．実験と演習をどのような順序で実施するかについての日程は，曜日ごとに決定して，掲示する．

実験では，受講者を 20〜30 名程度の単位にグループ分けして，グループごとに異なるテーマの実験を行い，1 学期間で複数のテーマを巡回する．何回目の実習日に「どの実験，演習」を行うかは，第 1 回実験日までに掲示する．演習は，受講者をいくつかのクラスに分けて，同じ内容で実施する．実習では，実験と演習は互いに相補うものであり，いずれかが重視されるということはない．

3.4 受講のために準備するもの

受講者は第 1 回のガイダンスまでにテキストの他，次のものを準備し，以後毎回の実験，演習の際に持参しなければならない．

(1) **専用の実験ノート1冊**：このノートは，実験のデータを記録し，データの整理，計算を行うためのものである．演習と共用してもよい．ただし，他の授業のノートと共用したり，ばらばらになるルーズリーフのノートを用いないこと．

(2) **関数電卓1台**：数値を小数と10のべきで表示し計算する機能があり，指数関数，対数関数，三角関数，逆三角関数が計算できるもの．プログラム機能は特に必要としない．

(3) **「安全の手引」**：1年生の当初ガイダンスの際にオンラインで配布された『全学教育科目実験 安全の手引 ―実験を安全に行うために―』(教養教育院 実験安全・物品管理小委員会編) を事前に参照し，特に，「物理学実験」の部分を中心に参照する．

3.5 各実験テーマの実験室とその配置図

各実験テーマの実験室は次のように分かれており，実験室の配置は図3.1に示されている．
受講人数やテーマの変更によって実験室が変わる場合があるので，物理学実験掲示板を確認せよ．

第1実験室　重力加速度
第2実験室　オシロスコープ
第3実験室　電気回路の共振現象
第4実験室　等電位線，放射能の測定
第5実験室　回折格子による光の波長測定
第6実験室　磁場中の電子の運動
第7実験室　固体の比熱，物性
サブラボA　シミュレーション

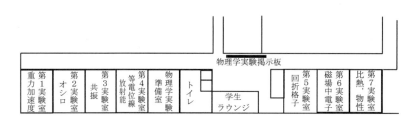

図 3.1　実験室配置図 (共通教育棟南棟2階)

3.6 実験の開始と終了，実験室における注意

(1) 実験の場合，特に指示がなければ，始業時刻までに当日行う実験テーマの実験室に入室して待機する．演習の場合は，指定された教室で行う．

(2) 荷物は机の下に置くなど，通路の確保に努めること．また，傘は傘立てに入れること．

(3) 実験中は，実験机周辺を，実験しやすく，危険を伴わないよう保たなければならない．実験机の上には，実験機器，指針，実験ノート，筆記用具以外は置かないように整理してから実験を開始せよ．また，服装についても同様な配慮が必要である．

(4) 実験は通常2人1組で行うが，自分のことだけでなく，互いに協力者の行っていることにも十分注意しながら実験しなければならない．これは，実験中の事故を防ぐためにも重要である．

(5) 実験室では，実験に集中できる静粛な環境が保たれるよう努めよ．

(6) **実験室における昼食などの飲食，喫煙は厳禁**である．思わぬ薬品やガラス破片など危険物を摂取してしまう，こぼして感電するなどの可能性があるので，飲食物は持ち込んではならない．

(7) すべての実験手順が終了したら，実験機器を整理整頓する．レポートを当日提出する実験テーマの場合にはレポートを提出した後，レポートを後日提出する実験テーマの場合には教員，TA の指示に従って退室する．

3.7 実験セット

実験室には，実験機器一式が机上に用意されている．この実験機器一式のことを「実験セット」とよぶ．通常，1 つの実験机には 1 つの実験セットが設置されており，各装置には実験テーマごとに番号 (セット番号) が付けられている．

3.8 共用する実験機器の使用

実験テーマによっては，共通で用いる実験機器や借り出して用いる器具がある．共通で用いる機器は，原則として設置された場所で使用し，各自の実験机に持ち込んではならない．特に，放射線源は，担当教員，TA の注意を聞いてから，指示を受けて借り出し，無断で借り出してはならない．

3.9 実験機器の動作不良，破損，部品の不足があった場合

実験機器は，使用法をよく理解し，十分注意して取り扱わねばならない．部品，装置の不足に気付いた場合や万一破損した場合には，直ちに担当教員，TA に報告して，機器の修理あるいは取り換えを申し出る．

3.10 実験中に事故が発生したとき

この授業で行う実験は，注意深く行えば，特別に危険の伴うものではないが，万一事故が発生した場合には，直ちに担当教員，TA に連絡して指示を受ける．

そのような事故の起こる可能性のあるものとしては，電気機器による感電，放射性物質による汚染と被曝，寒剤による凍傷，ガラス機器の破損などがある．これらのものを取り扱う実験テーマでは，指針にある機器の使用法，NU Portal–学務–教養教育院 サイトより「全学教育科目実験 安全の手引」をダウンロードした上で熟読し，担当教員，TA からの注意をよく聞いて，事故を起こさないように十分注意しなければならない．

3.11 廃棄物の処分と実験器具の整理整頓

実験が終了したら，実験で生じた廃棄物や不要となったものは分別して指定されたゴミ箱などに廃棄し，実験器具を整理整頓しておく．特に動作が不良な実験機器があった場合には，必ず担当教員，TA に伝えておく．

3.12 実験ノート

実験で得られた測定データ，観察した事項などは，すべて実験ノートに記録する．測定データの整理，計算にも用いる．実験ノートは将来の実験を行う場合にも必要なものであり，その使い方を十分修得することは，この授業の重要な目的の 1 つである．

実験ノートは専用のものを用意すること．実験ノートの提出を求められる場合もある．ノートは演習と共用してもよい．表紙に氏名を明記し，他人との共有は認めない．記録は油性ボールペンを用いること．消去可能な鉛筆などは用いてはならない．

3.13 レポートの作成と提出

(1) 実験レポート

実験で得られた測定結果については，その都度レポートを作成して提出する．レポートの提出場所，提出期限はそれぞれの授業で指示される．レポートを提出してはじめて1つの実習テーマを完了したものと見なされる．提出期限を過ぎて提出されたレポート，程度が低く読者を拒絶するレポートは提出したと認められない場合もあるので注意する．他人の実験データや文章の盗用が発覚した場合は，単位の取り消しなどの厳しい措置がとられることがある．

提出するレポートの形式は，実験テーマごとに異なるため，担当教員，TA の指示に従うこと．

(2) 演習レポート

演習レポートについては，それぞれの授業の担当教員，TA の指示に従う．

3.14 出席の確認と欠席の取り扱い

実習は，毎回授業に出席して実験や演習を行うことが前提とされる．出席は授業中に確認する．そのとき不在であったものは必ず申し出ること．原則として，欠席者に対する補講など特別の措置はとらない．

3.15 成績の評価

物理学実験の成績は，授業への貢献度，レポートの評価などから総合的に判定される．

また，実習という性格上，遅刻や欠席 (30 分以上の遅刻は欠席とみなす) は極力しないこと．

3.16 物理学実験 e ラーニング教材

学生諸君の予習の便宜を図るため，いくつかの実験テーマの実習操作をビデオ撮影した e ラーニング教材を用意している．各テーマ 10 分程度となっているので実験の前の予習にテキストと併用しながら活用してもらいたい．物理学実験のウェブサイト

http://www.ilas.nagoya-u.ac.jp/Phys_Exp/

を参照されたい．学外からもアクセス可能である．

4 測定値の記録と整理

物理実験における測定値の記録法とその整理，さらに計算と結果の表し方は，簡単な数値と四則演算の場合でも，注意しなくてはならない問題である．

たとえば，重力加速度 g の測定では

$$h = 137.55 \pm 0.05 \text{ cm} , \quad T = 2.3538 \pm 0.0002 \text{ s}$$

という測定値から計算した計算機の表示が $g = 9.801244302$ となっていても，測定の結果は

$$g = 9.801 \pm 0.005 \text{ m s}^{-2}$$

として表す．また，最初の h や T の値も直接の測定値そのままではない．ここで

(1) あらゆる測定値は必ず数値と単位の組で表すこと
(2) あらゆる測定値には測定できる最小単位があり，測定値はそれに対応した有限の桁数をもつ数値であること
(3) あらゆる測定値は不確かさ[注1] をもち，± という形式の項で不確かさを表すこと

は，最も基本的で大切な事項である．

このような測定値の記録とその整理の方法，さらに結果の計算方法について以下に説明しよう．なお，単位の表し方については，付録 A を参照する．

4.1 測定値の最小単位と読み取りの不確かさ

物理学的な測定は測定器具 (装置) の示す数値を目で読み取る操作が基本となる．測定器具が数値を示す形式として，デジタル方式とアナログ方式がある．これは測定値の表示法の区別を表す用語であって，いずれの方式の器具がより優れたものであるかという問いは無意味である．いずれの方式の器具を用いても，測定値 (測定で得られた数値) は必ず最小単位をもつこと (有限の桁数をもつ数値であること) を説明し，次に計器から数値を読み取る操作に伴って生じる "読み取りの不確かさ" を説明しよう．

(1) デジタル方式では，測定値は計器の表示盤上に数字で示される．直示天秤，デジタル式時計 (ストップウォッチ)，ガイガー計数装置，デジタル式マルチメータなどがその代表例である．

この方式の測定値の最小単位は，表示盤上の数値の最小単位である．したがって，測定した数値は，表示盤上の数値の最小単位の 1/2 程度の不確定さをもつと考えられる．たとえば，例 1 のデジタル式ストップウォッチによる測定値 $T_1 = 5 \text{ min } 35.58 \text{ s}$ は，T_1 が

$$5 \text{ min } 35.575 \text{ s} \leqq T_1 < 5 \text{ min } 35.585 \text{ s}$$

の間にあることを示している．このような測定器具の最小単位に伴って生じる測定値の不確定さを "読み取りの不確かさ" という．デジタル方式の読み取りの不確かさは表示盤上の数値の最小単位の 1/2 と見なされる．

例 1　デジタル式ストップウォッチでは，次のような値が読み取られる．これらの測定値の最小単位は，0.01 s であり，読み取りの不確かさは 0.005 s と見なされる．

$$T_1 = 5 \text{ min } 35.58 \text{ s} , \quad T_2 = 15 \text{ min } 23.47 \text{ s}$$

注1　本来，計測の信頼性の尺度として「真の値」からの測定値のずれを表す「誤差 (error)」ではなく，測定値からどの程度の範囲に「真の値」があるかを示す「不確かさ (uncertainty)」という表現を使うことになっているが，慣用として「誤差」を使用している本もある．真の値が既知の場合はもちろん「誤差」を使用する．

問1 上の例において，$T_2 - T_1$ はいくらか．

(2) アナログ方式では，計器の指針が示す位置を計器の目盛で読み取る．物差，スクリュー・マイクロメータ，指針型ストップウォッチ，指針型電流計，電圧計などが，その代表例である．

この方式では，目盛の読み取りの条件によって，測定値の最小単位は

 (a) 最小目盛の 1/10 (目盛幅の小さくない一般的な計器，物差，指針型電流計，電圧計など)
 (b) 最小目盛の 1/5 (目盛幅の小さい指針型電流計，電圧計など)
 (c) 最小目盛 (指針型ストップウォッチなど)

など，いろいろな場合に分かれる．この方式でも，読み取りの不確かさは読み取られた測定値の最小単位の 1/2 と考えられる．

例2 全目盛 150 の電流計をフルスケール 30 mA で使用して，最小目盛の 1/5 まで読み取る場合の最小単位は

$$30\,\text{mA} \times \frac{1}{150\,\text{目盛}} \times \frac{1}{5}\,\text{目盛} = 0.04\,\text{mA} .$$

問2 測定値 $I - 24.64$ mA の読み取りの不確かさはいくらか．
$$\left(\text{答 読み取られた値に関係なく} \quad 30\,\text{mA} \times \frac{1}{150\,\text{目盛}} \times \frac{1}{5}\,\text{目盛} \times \frac{1}{2} = 0.02\,\text{mA} \right)$$

(3) アナログ方式の計器には，測定値の最小単位を小さくする補助装置として副尺を用いることがしばしばある．たとえば，ノギス (バーニヤ，キャリパー) や分光計の分度器などがその代表例である．この方式の器具には，副尺を用いて主尺の最小目盛の 1/10，1/20 あるいは 1/30 まで読み取るように目盛が付けられている．詳しくは基礎技術の副尺の項を参照せよ．

この方式では，読み取りの不確かさは測定値の最小単位すなわち副尺の最小目盛 (主尺の最小目盛の 1/10，1/20 あるいは 1/30) が示す数値の 1/2 である．

例3 副尺を用いた器具の測定値の最小単位
 (a) 副尺付ノギス 0.05 mm(読み取りの不確かさ $= 0.025$ mm)
 (b) 副尺付分度器 $\frac{1}{60}^{\circ} = 1' = \frac{1}{60} \times \frac{\pi}{180}\,\text{rad} = 0.00029\,\text{rad}$ (読み取りの不確かさ $= 0.5' = 0.00015\,\text{rad}$)
この方式では，読み取りの不確かさは読み取られた測定値の最小単位の 1/2 と考えられる．

これらの例に示すように，測定器具から読み取られた測定値はつねに不正確さを伴って，許容範囲内の幅をもつ数値である．この不正確さ，すなわち数値幅の半分を"読み取りの不確かさ"という．

4.2 測定器具の正確度あるいは等級 (公差)

測定精度すなわち測定値の最小単位とは別に，測定器具 (装置) 自身の正確度も問題となる．つまり，測定器具の目盛はどの程度正確に刻まれているか，測定器具の指針やカウンターはどの程度正確に正しい位置や数値を表しているかという問題は，測定器具の正確度についての情報を必要とする．このような測定器具の正確度を表す量として，器具の等級や公差といわれる量がある．それらを，指針型電流計の等級で説明しよう．

(1) 指針型電流計の等級
指針型電流計や電圧計の等級は階級あるいは精度とよばれる数値で表される．等級 1 級あるいは Class 1.0 (精度 ±1%) は，計器の指針と目盛の正確度がフルスケールの ±1% の数値幅の許容範囲 (不確定さ) で正しいことを表す．すなわち不確かさは 1% である．等級 0.5 級あるいは Class 0.5 (精度 ±0.5%) は，

計器の指針と目盛の正確度がフルスケールの ±0.5% の数値幅の許容範囲で正しいことを表す．すなわち不確かさは 0.5% である．

例 4 0.5 級の電流計を 30 mA 用に使用した場合に，等級が表す測定値の不確かさは，

$$0.5\% \times 30 \text{ mA} = 0.15 \text{ mA} .$$

(2) その他の場合

物差，分度器，ノギスやスクリュー・マイクロメータ，ストップウォッチ，ガイガー計数装置など実験に使用する多くの装置や器具には等級や公差のように，その器具の正確度が表示されていないことが多い．そのような場合には，測定値の不確定さは読み取りの不確かさよりも小さい値か同じ程度の数値であると考えてよい．つまり，多くの場合，測定値の許容範囲 (不確定さ) を読み取りの不確かさと同じ程度の数値と見なして，測定値の最小単位の 1/2 を"測定器具がもつ不確かさ"とする．

このように，1. 読み取りの不確かさ，および 2. 測定器具の正確度という 2 つの原因のため，私たちが読み取った測定値は，測定値を厳密に正しく表した数値ではなく，不確定さの幅をもつ領域 (許容範囲) で表している．この領域の幅の半分の数値を，"測定器具がもつ不確かさ"という．一つの量の測定において，読み取りの不確かさと測定器具の正確度による不確かさとが同じ程度の数値であれば，測定器具がもつ不確かさは両者の 2 乗和の平方根であるが，両者の絶対値が大きく異なる場合は 2 乗和の平方根は絶対値の大きい方に近い値となる．したがって，オーダー (桁) が異なれば大きい方の数値を測定器具がもつ不確かさとすればよい．

4.3 測定値のばらつきに関係した不確かさ

同一の量を同じ装置で複数回測定すると，それらの測定値が，測定器具のもつ不確かさを超えて，広い範囲にわたって分布することが多い．このような現象の原因としては，測定する対象の物理量自身が変動すること，測定条件が変動すること，測定装置内部に制御不能な変動が生じることなどがあるが，いずれの変動も一定値のまわりに確率的に分布する性質のものと考えられる．通常，このように確率的に分布する物理量 x の最も確からしい値 (最確値) として平均値 $\langle x \rangle$ を，そのまわりのばらつきの程度を表す量として分散 σ^2 とその平方根である標準偏差 σ を採用して，x の測定値を

$$x = \langle x \rangle \pm \sigma \text{ (正しくは後述の } s \text{ か } \Delta_{\mathrm{M}}) \tag{4.1}$$

と表す．

実験で x を n 回測定し，測定値の組 x_i, $i = 1 \sim n$ が得られたとする．このとき，これらの有限個の測定値群から，次式によって $\langle x \rangle$，σ^2，σ を計算し，物理量 x の平均値，分散，標準偏差の推定値とする．

(1) 平均値 (記号 $\langle x \rangle$)

$$\langle x \rangle = \frac{1}{n} \sum_{i=1}^{n} x_i \tag{4.2}$$

(2) 不偏分散 (記号 σ^2)

$$\sigma^2 = \frac{1}{n-1} \sum_{i=1}^{n} \left(x_i - \langle x \rangle \right)^2 \tag{4.3}$$

(3) 標準偏差 (記号 σ)

$$\sigma = \sqrt{\sigma^2} \tag{4.4}$$

(4) 平均値の不確かさ

標準偏差は測定データ 1 つ 1 つの散らばりを示す $x_i \pm \sigma$ となる値と不確かさの組み合わせであり，実験で求めるべき $\langle x \rangle \pm s$，つまり平均値の不確かさ s は

$$s = \frac{\sigma}{\sqrt{n}} = \sqrt{\frac{\sum_{i=1}^{n} \left(x_i - \langle x \rangle \right)^2}{n(n-1)}} \tag{4.5}$$

を用いる (C.2 を見よ).

4.4 測定値のまとめ

結論として，測定値の整理法を箇条書きに表すと，次のようになる．

(1) まず，測定器具から予想できる測定値の有効数字とオーダーを考慮して，測定する量の単位を付けた記録表を作成する．記録表は平均値と分散，標準偏差を計算できるように行数や列数を準備しておく．
(2) 次に，測定器具の読み取りの不確かさと測定器具の正確度という 2 つの原因から生じる測定器具がもつ不確かさを評価し，記録する．
(3) 測定値の記録は，測定器具の読み取り可能な桁数までを正確に記録する．
(4) 測定値の記録表から平均値と分散，標準偏差，平均値の不確かさを計算する．
(5) 測定器具がもつ不確かさ Δ_{M} と平均値の不確かさ s を比較する．
    $s \gg \Delta_{\mathrm{M}}$ の場合は，平均値につく不確かさとして (4.5) 式を採用する．
    $s \ll \Delta_{\mathrm{M}}$ の場合は，平均値につく不確かさとして Δ_{M} を採用する．
    $s \sim \Delta_{\mathrm{M}}$ の場合は，双方の不確かさを評価し，2 乗和して平方根をとる，などの特別な対応をする (たとえば，Δ_{M} がガウス分布の場合，不確かさは $\sqrt{s^2 + \Delta_{\mathrm{M}}{}^2}$ と書ける)．
(6) 最終的に評価した不確かさ δx の大きさによって $\langle x \rangle$ の有効数字の桁数を考え，測定値の結果は

$$x = \langle x \rangle \pm \delta x \quad \text{単位} \tag{4.6}$$

と表す．

結果と不確かさの表現法

測定値と不確かさは次のように表現する．

$$(1.090 \ \pm \ 0.006) \times 10^3 \ \mathrm{kg}$$

このとき，以下の注意が必要である．単位を必ず書く．共通の 10 のべき乗をくくりだして不確かさの桁に相当する桁まで測定値の有効数字を書き，不確かさの桁より小さい桁を書いてはいけない．不確かさの桁に相当する測定値の桁は 0 であっても書く．不確かさの有効数字は 1 桁でよい．ただし，精度が高く，統計的によく処理された測定値の不確かさは 2 桁書くこともあるが，この物理学実験では用いない．

たとえば，次のように書いてはいけない．

$(1.090 \ \pm \ 0.006) \times 10^3$	単位がない
$(1.09 \ \pm \ 0.006) \times 10^3 \ \mathrm{kg}$	不確かさの桁に相当する桁まで測定値の有効数字がない
$1.090 \times 10^3 \ \pm \ 6 \ \mathrm{kg}$	測定値のどの桁が不確かさの桁かわかりにくい
$1.090 \times 10^3 \ \pm \ 0.006 \times 10^3 \ \mathrm{kg}$	測定値のどの桁が不確かさの桁かわかりにくい

例 5 等級 0.5 級 (Class 0.5) で全目盛 150 の電流計を 30 mA 用に使用して，電流を 10 回測定した場合の測定値の整理法 (表 4.1 参照)

(1) 読み取りの不確かさ 0.02 mA，等級による不確かさ 0.15 mA(読み取りの不確かさは実際の測定器で判断する)
    ∴ 測定装置がもつ不確かさ $\sqrt{0.02^2 + 0.15^2} = 0.15 \ (\mathrm{mA})$
(2) $\langle I \rangle = 21.444 \ \mathrm{mA}$，$s = 0.011 \ \mathrm{mA}$ (s は実験データから求める)
(3) $\sqrt{0.15^2 + 0.011^2} = 0.15$. $I = (21.4 \pm 0.2) \ \mathrm{mA}$

表 4.1　電流計による電流の測定値の整理

回数 (i)	I_i (mA)	$(I_i - \langle I \rangle)^2$ (10^{-4} (mA)^2)
1	21.44	0.2
2	21.44	0.2
3	21.48	13.0
4	21.44	0.2
5	21.46	2.6
6	21.52	57.8
7	21.40	19.4
8	21.44	0.2
9	21.42	5.8
10	21.40	19.4
		$\sigma^2 = 13.2$
	$\langle I \rangle = 21.444$ mA	$\sigma = 0.036$ mA
		$s = 0.011$ mA

平均偏差

　分散や標準偏差より容易に計算できる不確かさを表す量として，平均偏差がある．これは，測定値と平均値の差の絶対値の平均値として，次式で定義される．

$$\Delta = \frac{1}{n} \sum_{i=1}^{n} \left| x_i - \langle x \rangle \right| \tag{4.7}$$

4.5　間接測定の計算と不確かさ

　多くの実験では，複数個の物理量 $x, y, z, \cdots$ を測定した後に，それらの関数として目的とする物理量 $A = f(x, y, z, \cdots)$ を計算して得る方法が多い．これを間接測定という．間接測定の計算法と結果の表し方を 3 個の物理量 x, y, z の場合を例として示そう (後述の「C. 間接測定における不確かさ」も参照せよ)．

　まず，3 個の物理量 x, y, z の測定値から平均値と不確かさを，単位を付けて表しておく．

$$x = \langle x \rangle \pm \delta x \text{ 単位}, \quad y = \langle y \rangle \pm \delta y \text{ 単位}, \quad z = \langle z \rangle \pm \delta z \text{ 単位} \tag{4.8}$$

次に，物理量 A の最確値として，変数の値 x, y, z に平均値 $\langle x \rangle, \langle y \rangle, \langle z \rangle$ を代入した値を採用する．

$$\langle A \rangle = f(\langle x \rangle, \langle y \rangle, \langle z \rangle) \tag{4.9}$$

そして，$\langle A \rangle$ の不確かさ δA としては

$$\delta A^2 = \left(\frac{\partial f}{\partial x} \right)^2 \delta x^2 + \left(\frac{\partial f}{\partial y} \right)^2 \delta y^2 + \left(\frac{\partial f}{\partial z} \right)^2 \delta z^2 \tag{4.10}$$

で計算される δA^2 の平方根 δA を用いる．(4.10) 式の右辺の偏微係数の中の変数値にはその平均値を代入する．結果は，単位を付けて，最確値と不確かさとの割合がわかりやすいように表す．

$$A = \langle A \rangle \pm \delta A \text{ 単位} \tag{4.11}$$

関数形 f が変数のべき乗の積である場合，すなわち $f = cx^l y^m z^n$（c, l, m, n は 0 でない定数）のような場合には，相対不確かさを用いるのが便利である．相対不確かさとは，最確値の大きさに対する不確かさの割合をいうが，次の関係が成り立つ

$$\left(\frac{\delta A}{\langle A \rangle}\right)^2 = \left(l\frac{\delta x}{\langle x \rangle}\right)^2 + \left(m\frac{\delta y}{\langle y \rangle}\right)^2 + \left(n\frac{\delta z}{\langle z \rangle}\right)^2 \tag{4.12}$$

すなわち，A の相対不確かさの 2 乗は x, y, z それぞれの相対不確かさにべき指数を掛けたものの 2 乗を全て加算した値となる．

間接測定で結果を計算するときの注意

次式のように，まず文字式を書き，次にそれぞれの直接測定値 (単位を付けたまま) を代入した数値式を書き，それから電卓で数値を計算し，単位の計算を行う．

$$\left(\frac{\pi R^2}{T_1}\right)^2 = \left(\frac{3.1416 \times (4.71 \text{ m})^2}{2.83 \text{ s}}\right)^2 = 606.47 \cdots \text{ m}^4/\text{s}^2 = 6.06 \times 10^2 \text{ m}^4/\text{s}^2$$

以下のことにも注意する．

数学定数，高精度の既知の物理定数は，測定値の有効数字の桁数より十分大きな桁数をとらないと，既知の高精度の値の打ち切り誤差のほうが測定の不確かさよりも大きくなってしまう．数学定数や物理定数は，測定値の有効数字の桁数より少なくとも 2 桁は大きい桁数で代入すること．

結果を出すまでの演算回数にもよるが，この物理学実験では，計算誤差の累積を避けるため，途中の計算では有効数字の桁数の考え方に基づく意味のある桁よりさらに 2 桁は大きい桁数で計算すること．ただし，すべての計算過程で有効桁が何桁になったか，確認しつつ計算すること．そして最後の結果で，不確かさを考慮した意味のある桁数をもつ表現に整える (不確かさの桁より精度がよくなることはない)．

例 6 (4.12) 式を用いた測定値の計算法

重力定数 g の測定では，h および T を測定して g を求める．

$$g = 4\pi^2 \frac{h}{T^2}, \quad \left(\frac{\delta g}{\langle g \rangle}\right)^2 = \left(\frac{\delta h}{\langle h \rangle}\right)^2 + \left(2\frac{\delta T}{\langle T \rangle}\right)^2 + \left(2\frac{\delta \pi}{\langle \pi \rangle}\right)^2$$

いま，測定値として

$$h = 137.55 \pm 0.05 \text{ cm}, \quad T = 2.3538 \pm 0.0002 \text{ s}$$

が得られた場合を考える．まず，$\langle h \rangle$，$\langle T \rangle$ を代入し，π の相対不確かさが h や T の相対不確かさよりも十分に小さくなるようにして $\langle g \rangle$ を計算しておく．

$$\langle g \rangle = 4 \times 3.141593^2 \times \frac{1.3755 \text{ m}}{(2.3538 \text{ s})^2} = 9.801246 \cdots \text{ m/s}^2$$

次に，相対不確かさと不確かさを有効数字 3 桁で概算する．

$$\left(\frac{\delta g}{\langle g \rangle}\right) = \left(\left(\frac{5}{13755}\right)^2 + \left(2 \cdot \frac{2}{23538}\right)^2\right)^{\frac{1}{2}} \approx 4.01 \times 10^{-4}$$

$$\therefore \delta g = \langle g \rangle \times \frac{\delta g}{\langle g \rangle} = 9.80 \text{ m/s}^2 \times 4.01 \times 10^{-4} \approx 3.93 \times 10^{-3} \text{ m/s}^2$$

最後に不確かさを 1 桁とし，不確かさの桁までを残すように g を表す．

$$g = 9.801 \pm 0.004 \text{ m/s}^2$$

有効数字の桁数だけで大まかに不確かさを扱う方法

ここまでに説明したように，不確かさを定量的に評価して測定値「$A = \langle A \rangle \pm \delta A$ 単位」の形式で表現することが望ましい．しかし，これほど丁寧に不確かさを扱わず，得られた測定値のどの桁まで意味があるかがわかれば十分であることも多い．このとき，有効数字の考え方で意味のある桁を表現する．たとえば，

$$L = 27.20 \text{ cm}$$

と表現した場合，小数第2位の桁は意味がある桁(読み取れている桁，あるいははじめて不確かさが現れてくる桁)だが，小数第3位以下の桁は意味がないことを意味する．意味がある桁の数字は0であっても必ず書き表さなければならない．また，$L = 5180$ cm という表現は，1の位の0が意味がある桁なのかどうかわからないので，意味があるのであれば $L = 5.180 \times 10^3$ cm と表し，意味のない桁であれば $L = 5.18 \times 10^3$ cm と表す．

(4.10) 式から，2つの量の和あるいは差の不確かさの2乗は，それぞれの不確かさの2乗の和となることがわかる．したがって，和あるいは差の結果得られる値の意味がある桁として，2つの測定値のうちで信用度の低い(意味がある最小の桁の位が高い)方の桁を採用する．たとえば，

$$
\begin{aligned}
L_1 - L_2 &= 174.6 \text{ cm} \ - 32.813 \text{ mm} \\
&- \ 174.6 \text{ cm} \quad 3.2813 \text{ cm} \\
&= 171.3\cancel{187} \text{ cm} = 171.3 \text{ cm}
\end{aligned}
$$

(4.12) 式から，2つの測定値の積あるいは商の相対不確かさの2乗は，それぞれの相対不確かさの2乗の和となることがわかる．したがって，積あるいは商の値の意味がある桁として，2つの測定値のうちで信用度の低い(意味がある最小の桁の位が高い)方の桁数を採用する．たとえば，

$$\frac{L_1}{T_1} = \frac{732.19 \text{ cm}}{0.23 \text{ s}} = 31\cancel{83}.4\cdots \text{ cm/s} = 3.2 \times 10^3 \text{ cm/s}$$

このような簡便な方法は和差積商の場合に便利である．対数関数などの場合には，意味がある桁を知るには (4.10) 式を用いて不確かさを評価する必要がある．

問3 有効数字の取り扱い方に基づき，計算を行って結果を表現せよ．

(1) 734.1 mg の質量の試料が納められている容器の質量を測定したところ，123.5 g であった．容器のみの質量を求めよ．

(2) 0.7851 g の質量の，直方体の物体の縦，横，高さを測定したところ，3.8 mm，5.1 mm，6.1 mm であった．密度を g/cm^3 の単位で求めよ．
(ヒント：除算を行う際に上で述べた商の場合の有効数字の方法が成り立つと考えればよいので，結局4つの測定値のうちで信用度の低い方の桁数を採用すればよい．)

例7 2つの測定値の差の不確かさ

$$T_1 = 35.520 \pm 0.005 \text{ s}, \quad T_2 = 53.470 \pm 0.005 \text{ s}$$

について，$T_2 - T_1$ を求めよ．

$f(x,y) = x - y$ から，$\langle T_2 - T_1 \rangle = 17.950$ s，不確かさは (4.10) 式から $\delta f(x,y)^2 = \delta x^2 + \delta y^2$ となる．したがって，

$$\delta(T_2 - T_1) = (0.005^2 + 0.005^2)^{1/2} \text{ s} = 0.00707\cdots \text{ s}$$

$$T_2 - T_1 = 17.950 \pm 0.007 \text{ s}$$

例8 格子定数 $d = \dfrac{1}{600}$ mm の回折格子を用いて，1次回折波の角度を測定して $\theta = 21°15' \pm 3'$ を得た．波長 λ とその不確かさ $\delta\lambda$ を nm の単位で計算しよう（ただし，不確かさ $\delta\lambda$ は有効数字1桁で求める）．$\delta\lambda$ は必要な桁より最低でも2桁多く計算するので3桁以上で計算する．

波長 λ の光の回折格子による1次回折線の角度 θ は $\lambda = d\sin\theta$ の関係によって決まる．まず，$d = 1/n$，$n = 600.0 \pm 0.5$ であることから格子定数 d の不確かさ δd は

$$\delta d = \sqrt{\left(-\frac{1}{n^2}\right)^2 \delta n^2} = \frac{1}{360000} \times 0.5 \times 10^{-3} \text{ m} = 1.389 \times 10^{-9} \text{ m}$$

角度の不確かさは $\delta\theta = 3' \approx 3 \times 0.0002909$ rad であることに注意すると

$$\langle\lambda\rangle = d\sin\langle\theta\rangle = \frac{1}{600.0} \times 10^{-3} \times \sin(21°15') \text{ m}$$

$$= \frac{1 \times 10^{-5}}{6} \times 0.362438\cdots \text{ m} = 6.04063\cdots \times 10^{-7} \text{ m}$$

$$\delta\lambda = \sqrt{(\sin\langle\theta\rangle)^2 \delta d^2 + (d\cos\langle\theta\rangle)^2 \delta\theta^2}$$

$$= \left\{(0.3624 \times 1.389 \times 10^{-9})^2 + \left(\frac{1}{600} \times 10^{-3} \times 0.9320 \times 3 \times 2.909 \times 10^{-4}\right)^2\right\}^{\frac{1}{2}} \text{ m}$$

$$\approx 1.446 \times 10^{-9} \text{ m}$$

$$\therefore \quad \lambda = (6.04 \pm 0.01) \times 10^{-7} \text{ m} = 604 \pm 1 \text{ nm}$$

となる．この場合も不確かさ $\delta\lambda$ の計算の途中は，4桁の有効数字で計算し，最後に1桁にしている．

4.6 グラフによる整理

実験の結果をグラフで表すことは非常に重要なことである．ここでは，グラフについての基礎的な事項と，それに関連して最小2乗法を説明しておく．

グラフの描き方について一般的な注意

グラフを描く場合には，次のような事項に注意する．図 4.1 も参照しながら，理解せよ．なお，図 4.1 は，「**8 磁場中の電子の運動**」(p.45) を参考にグラフ表示した例である（本来の実験結果とは異なる）．

(1) グラフには表題を付ける．
(2) 縦軸および横軸それぞれに物理量と単位を書く．
(3) $+, \times, \circ, \triangle$ などの記号を使って，測定点を明瞭に表示する．2種類以上のデータを1つのグラフに示す場合は，記号を区別する．
(4) グラフ（曲線や図形）の描かれた領域が用紙の全域にわたるようにデータとスケールを調整する．
(5) 測定点が直線にのる場合は，傾きの角度が $\pm 30°\sim 60°$ の範囲になるようにする．
(6) レポート用紙に貼り付けるグラフ用紙は，A4 サイズからその 1/6 程度まで，それぞれの目的に応じた適当な大きさに切って用いる．
(7) 通常は正方方眼紙といわれる縦横とも 1mm 間隔の目盛線を引いたグラフ用紙を用いる．何桁にもわたって変化する測定値を表現する場合，対数方眼紙を用いると便利である．

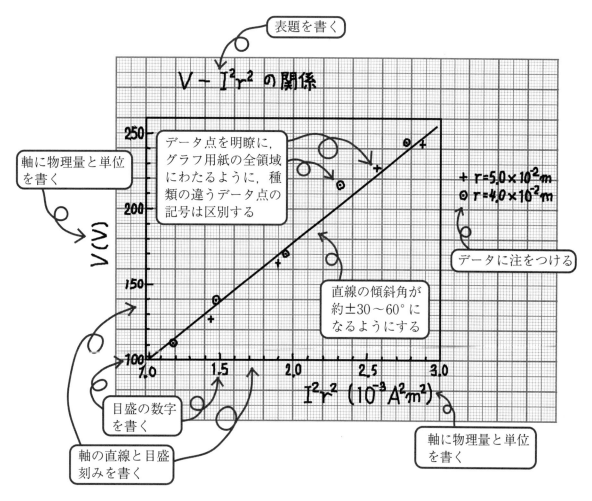

図 4.1　グラフの描き方

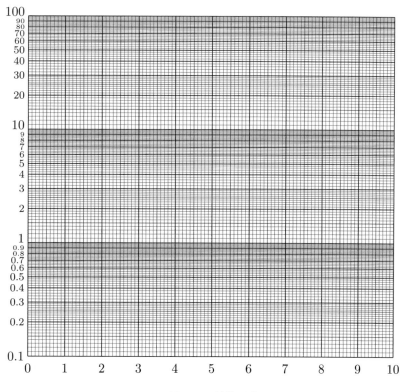

図 4.2　対数目盛

対数目盛と対数方眼紙

対数目盛とは，図 4.2 の縦軸のように，

$$y = 1.0, 1.1, 1.2, 1.3, 1.4, \cdots, 2.0, 2.2, \cdots, 3.0, \cdots, 10.0, \cdots,$$

に応じて $Y = \log_{10} y$ の値

$$\log_{10} 1.0\,(= 0), \log_{10} 1.1, \log_{10} 1.2, \log_{10} 1.3, \log_{10} 1.4, \cdots, \log_{10} 2.0,$$

$$\log_{10} 2.2, \cdots, \log_{10} 3.0, \cdots, \log_{10} 10.0\,(= 1), \cdots,$$

を実際の長さとしてプロットし，その座標目盛の数値には y の値を付けた目盛である．

見た目に目盛線の間隔が最も粗な部分と最も密な部分との境界線が 10^n となっている．また，y が大きくなるにしたがって，y の 1 の変化に対して $\log_{10} y$ の変化が小さく目盛線が混みいってくるので，この例では y の値が 3×10^n の目盛線を境として，y 目盛の間隔を 2 倍に変えてある．ただし，$\log_{10} 10 - \log_{10} 1 = 1$ に相当する長さを実寸でどう決めるかはまったく任意である．市販の目盛は JIS 規格によっている．

対数目盛の場合には，次の点で正方方眼紙の目盛とは異なるので注意する．

(1) $y = 0$ の目盛はあり得ない．
(2) 実際に目盛間隔を拡大や縮小しないで，目盛の数値を付け変えて拡大や縮小することはできない．

例 9　正方方眼紙上の直線

$$y = ax + b \tag{4.13}$$

(1) もし，物理量 x と y が与えられた定数 a と b をもつ (4.13) 式の関係を満たしているならば，n 個の測定値の組 $(x_i, y_i\,;\,i = 1 \sim n)$ は，この直線上あるいはそのまわりに分布している．
(2) もし，n 個の測定値の組 $(x_i, y_i\,;\,i = 1 \sim n)$ が，直線上あるいはそのまわりに分布している場合には，物理量 x と y は (4.13) 式の関係を満たしていると考えてよい．定数 a と b を決定するためには，測定値の分布にできるだけ一致する直線を引き，直線上でできるだけ離れた 2 点の座標を読み取り，(x_1, y_1) と (x_2, y_2) とする．この 2 点は最初の測定値の組の値とは限らない．これらの 2 点から直線の傾き

$$a = \frac{y_2 - y_1}{x_2 - x_1} \tag{4.14}$$

直線と y 軸との交点の y_0 から $b = y_0$ を求める．グラフ上に交点のない場合には，

$$b = y_1 - ax_1 \tag{4.15}$$

によって求める．このようにして，実験データから実験式 (4.13) を決定できる．

例 10　片対数方眼紙上の直線（x 軸は普通目盛，y 軸が対数目盛 $Y(y) = \log_{10} y$）

$$y = be^{ax}$$

$$Y = (a \log_{10} e)\,x + \log_{10} b = \frac{a}{\log_e 10} x + \frac{\log_e b}{\log_e 10} \tag{4.16}$$

(1) もし，物理量 x と y が与えられた定数 a と b をもつ (4.16) 式の関係を満たしているならば，n 個の測定値の組 $(x_i, y_i\,;\,i = 1 \sim n)$ は，片対数方眼紙上で，直線上あるいはそのまわりに分布している．
(2) もし，n 個の測定値の組 $(x_i, y_i\,;\,i = 1 \sim n)$ が，直線上あるいはそのまわりに分布している場合には，物理量 x と y は (4.16) 式の関係を満たしていると考えてよい．定数 a と b を決定するためには，測定値の分布にできるだけ一致する直線を引き，直線上でできるだけ離れた 2 点の座標を読み取り，

(x_1 , y_1) と (x_2 , y_2) とする．これらの 2 点から a を，y 軸との交点の y_0 あるいは a の値と 1 点から b を求め，(4.16) 式を決定することができる．

$$a = \frac{\log_e y_2 - \log_e y_1}{x_2 - x_1} = \frac{\log_e \left(\dfrac{y_2}{y_1}\right)}{x_2 - x_1}$$
$$b = y_0, \qquad b = \frac{y_1}{e^{ax_1}} \tag{4.17}$$

市販の片対数方眼紙は縦軸を拡大縮小することができないので，(4.16) 式の関係をグラフ表示するのが適当でない場合もある．このようなときには，$Y = \log_e y$ を計算して，正方方眼紙上に $(x_i , Y_i = \log_e y_i$; $i = 1 \sim n)$ をプロットし，2 点の座標 (x_1 , Y_1)，(x_2 , Y_2) と y 軸との交点の Y_0 を読み取って

$$a = \frac{Y_2 - Y_1}{x_2 - x_1}$$
$$b = e^{Y_0}, \qquad b = e^{Y_1 - ax_1} \tag{4.18}$$

によって a，bx を決定することができる．この場合には，縦軸を自由に拡大縮小することが可能となる．ほとんど同じように，$Y = \log_{10} y$ を計算して，グラフにプロットし，a, b を決定することもできる．

問 4　両対数方眼紙上の直線 (x, y 軸とも対数目盛)，すなわち $X = \log_{10} x$，$Y - \log_{10} y$ はどのような関係を示すか．
(解答)

$$Y = a \log_{10} x + \log_{10} b = aX + \log_{10} b$$
$$\therefore \quad y = bx^a \tag{4.19}$$

いずれの場合も，実験データは決して直線上にぴったりとのっているわけではない．分布した実験データに合うように直線を引くことに伴って不確かさが生じていることは，つねに注意しなくてはならない．

4.7　最小 2 乗法

前節で説明した実験式を決定する問題を，グラフではなく数値的に処理することを考えよう．例として，物理量 x と y が与えられた定数 a と b をもつ 1 次式

$$y = ax + b \tag{4.20}$$

の関係を満たしていると予想できる場合に，n 個の測定値の組 $(x_i , y_i$; $i = 1 \sim n)$ を正方方眼紙上にプロットすると，図 4.3 のようになって，不確かさのために直線上にのっていないことが多い．

そのような場合には，個々の測定値の組 (x_i , y_i) は測定の不確かさとして

$$\varepsilon_i = y_i - ax_i - b \tag{4.21}$$

をもつと考える．そして，測定値全体の不確かさに相当する量として

$$\Delta(a,b) = \sum_{i=1}^{n} \varepsilon_i^2 \tag{4.22}$$

を考える．この $\Delta(a,b)$ は定数 a と b とに依存している．

そこで，測定値から推定する定数 a と b の最も確からしい値は，この $\Delta(a,b)$ を極小にする数値の組 (a,b) としよう．つまり，実現している現象は確率が一番大きい現象であろう，すなわち，測定全体の不確かさがもっとも小さい現象と見なそうという推定である．

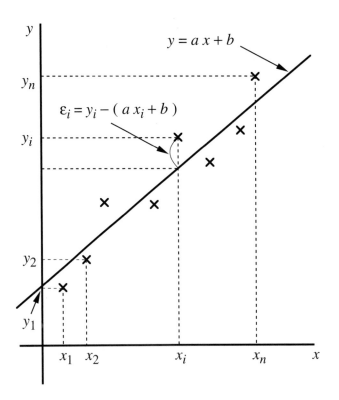

図 **4.3** 測定値のばらつき

　この方法は，真の値からのずれの 2 乗の和を極小にする条件を選ぶという意味で，最小 2 乗法といわれる．具体的に，極小の条件を書くと

$$\frac{\partial \Delta(a,b)}{\partial a} = 0 \implies \sum_{i=1}^{n}\{x_i(y_i - ax_i - b)\} = 0 \tag{4.23a}$$

$$\frac{\partial \Delta(a,b)}{\partial b} = 0 \implies \sum_{i=1}^{n}(y_i - ax_i - b) = 0 \tag{4.23b}$$

　ここで，物理量 A の測定回数についての算術平均を記号 $\langle A \rangle$ で表すことにすると

$$\langle A \rangle \equiv \frac{1}{n}\sum_{i=1}^{n} A_i \,, \tag{4.24}$$

(4.23a) および (4.23b) の条件は

$$\langle x^2 \rangle a + \langle x \rangle b = \langle xy \rangle$$
$$\langle x \rangle a + b = \langle y \rangle$$

となるから，次の解を与える．

$$a = \frac{\langle xy \rangle - \langle x \rangle \langle y \rangle}{\langle x^2 \rangle - \langle x \rangle^2} \tag{4.25a}$$

$$b = \frac{\langle x^2 \rangle \langle y \rangle - \langle x \rangle \langle xy \rangle}{\langle x^2 \rangle - \langle x \rangle^2} \tag{4.25b}$$

参考

統計学によれば，a と b の不確かさは次のように与えられている (一瀬正巳『誤差論』培風館，1953).

$$\delta a = \left(\frac{1}{\langle x^2 \rangle - \langle x \rangle^2} \cdot \frac{\langle \varepsilon^2 \rangle}{(n-2)} \right)^{1/2} \tag{4.26a}$$

$$\delta b = \left(\frac{\langle x^2 \rangle}{\langle x^2 \rangle - \langle x \rangle^2} \cdot \frac{\langle \varepsilon^2 \rangle}{(n-2)} \right)^{1/2} = \sqrt{\langle x^2 \rangle}\,\delta a \tag{4.26b}$$

問 5 ある物理量 x の n 回の測定値から推測できる最も確からしい値 (最確値) として，その算術平均を選んだことを最小 2 乗法の立場から説明せよ.

(解答) 測定値全体から推定できる最確値 m の不確かさに相当する量 Δm として

$$\Delta m = \sum_{i=1}^{n} (x_i - m)^2$$

を考える．この Δm を最小にするように m を決める.

$$\frac{\mathrm{d}\Delta m}{\mathrm{d}m} = 0 \implies \sum_{i=1}^{n} (x_i - m) = 0 \implies m = \frac{1}{n}\sum_{i=1}^{n} x_i$$

パソコンによる最小 2 乗法の計算

　ここでは実験中での便宜のために，多くの学生が所有しているパソコンを利用した最小 2 乗法の計算手順例について説明する．あくまで簡便な内容のため，実際の操作方法はそれぞれのマニュアルでの統計計算の項などを参照してもらいたい．最小 2 乗法は関数電卓にも計算機能がついていることが多い.

Microsoft Excel2019 による最小 2 乗法の計算

(1) Excel を開き，縦方向にデータを入力していく．使用したいデータを右図のように選択しておく.

(2) 挿入 → グラフ → 散布図 (折れ線グラフ・縦棒グラフではないことに注意せよ) を選択すると，グラフが作成される.

(3) データ点の一つを右クリックし，近似曲線の追加 (R) 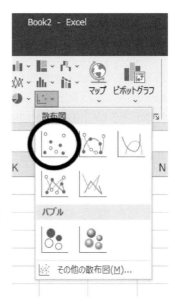 を選択すると，「近似曲線のオプション」が表示されるので，線形近似 (L) をクリックし，下の「グラフに数式を表示する」にチェックを入れるとグラフに最小 2 乗法で計算された直線式が表示される.

(4) 表示桁数は適当に決められているので，数式を右クリックして「近似曲線ラベルの書式設定」を選択し，表示形式の「数値」を選ぶと小数点以下の桁数が選択できる.

(5) 「磁場中の電子の運動」のように，直線の切片をゼロに固定したいなどの場合，「近似曲線のオプション」の下にある切片 (S) に数字を入れ，チェックを入れると切片が固定できる.

4.8　レポートの作成と考察

　文系理系を問わず，大学4年間で修得すべきもっとも重要なことは研究レポートの作成能力である．「1.
実験の目的」「2. 実験手順」「3. 実験結果」「4. 考察」および「5. 結論」の順に記述する．実験者の出した
データと，理論計算による予想値を比較して，定量的考察を行うことが重要である．

レポートと小論文・感想文の違い

　理系の学生が作成する実験レポートと，高校までで課されてきた読書感想文や小論文は以下のような点
が異なる．

- 実験レポートは実験テーマについて，手順に従って客観的な実験データを取得し，手順に従ってデー
タ解析し，結果を論理的に評価する

- 読書感想文・小論文はあるテーマについて，手持ちの知識を動員して，説得力のある内容を書く

　「手順に従う」とは，誰が実験を行っても不確かさの範囲で同じ結果が出るということであり，計算や
不確かさの評価も含めて全く同じにならなくてはならない．個人の独自性を出す部分は実験前に手順を考
える部分と結果の考察，結論である．これと比べ，読書感想文や小論文は同じテーマが与えられても人に
よって想像力やレトリックが異なるため，同じものができることはまずない．

実験レポートの一般論

　まず，実験レポートは読ませる相手を設定し，よく意識して作成しなくてはならない．物理学実験では，
採点者 (教員) および共同実験者が読んで，どのような実験を行ったかきちんと理解できるように書き，
読んだ人が実験者の実験を再現できるように作成する．このとき，実験の目的をよく理解していることをレ
ポートで示さなくてはいけない．つまり，前もって実験手順や操作をきちんと理解しておくこと．実験デー
タは実験条件も含めて実験ノートにすべて記録し，いきなりレポート用紙に書いてはいけない．レポート
用紙は清書用であると考えよ．翌週提出レポートの場合には，最初に実験テーマの目的や実際に行った測定
方法・条件や操作を細かく記入することが望ましい．間違ったと思うデータも必ず実験ノートに残してお
くこと．

　実験データはテキストの指示通り表などにまとめる．その直接測定の不確かさのある桁まで記入する．
解析過程では，計算途中の不確かさや桁数はもとより，どのような計算を行ったか理論計算式とそれに数
値を代入した計算内容まで示す．グラフもどのようなことを読み手に知らせたいのかわかりやすいように
作成し，読み手の理解を助けるものであるべきである．そして計算を行い不確かさを評価して測定結果が
求まる．以上の測定結果から，どのくらいの不確かさであれば実験手順が適切であるか，どこかで手順を
間違っていないかを評価しよう．そして測定結果と不確かさを $(\triangle.\triangle \pm 0.\square) \times 10^{\bigcirc\bigcirc}$ sec などのように記
入する．ここまでが実験結果である．最終結果の不確かさへの影響を考えるときは，テキストの間接測定
の不確かさにおける偏微分を使った方法をすぐ使うのではなく，簡易的に，直接測定のデータに不確かさ
を足した，取りうる大きな値で計算した結果と，不確かさを引いた小さな値で計算した結果双方の違いか
ら不確かさを見積もるとよい．

　考察は論理的かつ定量的に行う．たとえば，理論予想値と実験結果は必ず異なる．なぜこのような結果
が出たのか，原因を定量的に調査する．また，この物理現象について自分が理解できたことや実験テーマ
について考えたことなど，実験そのものと測定結果から得られたことを考察する．もちろん，感想は一切
不要である．考察の例として以下のようなものをあげておこう．

- 理論予想値と直接測定による結果がどのようにあっているか，ずれているかそれ自体を定量的に評価する

- 理論予想値と実験データの最終結果がずれている理由を考える (ずれが間違いということでは決してない)

- 自分でこうなるべきと思っていたことと実験結果・理論予想値が異なる点について検討する

- 与えられている実験装置の不確かさがどのように実験結果に影響を与えているか調査する

- 実験の手順・装置が適切であったか，手順や装置をどのように変えるとどういう結果が出るか考える

- 実験室の環境において，別の条件ではどのような結果になるか予想する

- 今回の実験結果より，さらによい精度で実験を行うためにどういうことに気をつけるべきか

- 実験テーマに関連して，発展した理論的・実験手順的な考察や，この現象に関する現実での応用例など

各実験テーマにおける考察の具体例

　各実験テーマの最後に，レポートを書く上で参考となるよう，実験データや結果に影響する事柄について考察してみるとよい具体例を，共通する3つの観点から集めてみた．実験や理論予測値で無視している条件はどれくらい影響があるのか，個人の実験技術からくる実験データのふれはどのくらいか，物理定数や数学定数など普段は定数と考えている数の本質や実験現象に関する発展的な調査，である．これらが結果にどのくらい影響を与えるか考えてみよう．そして自分の専門分野などとの関わり合いなどもあわせて，十分に予習をした上で考察を書いてみよう．もちろん，そこで述べたものはあくまで教員の考えたヒントであり，何度か条件を変えつつ実験を繰り返して検討することによってはじめて評価できる項目も多い．さらに，学部1年次の知識や技術で定量的もしくは定性的に評価できるとは限らない．考察はこの通りやらなくてはいけないというものではないし，むしろ，これらを参考に学生自身が考えたオリジナルな考察が一番よい．

　考察を書く上で，是非覚えておいてほしいことがある．最初に述べたように，実験者が行った実験とそのデータこそが現実に正しく，物理理論はそれを説明するために実験条件を思い切りよく捨象した「できの悪い近似」でしかないということだ．まるで参考書の後ろについている答えのように，理論計算が正しい答えで，それに合わない結果がでたらその実験は失敗だというふうには考えないでもらいたい．自分の実験結果を説明するのに，単純な理論には何が足りないのか，どのような条件が影響したのか，それらを考えることが考察の目的の1つである．このようにすれば「この実験結果は理論とよく合っているのでうまくいった」などという感想文を，考察の欄を埋めるために書かなくてすむだろう．

5　基礎技術

5.1　副尺とその目盛の読み方

副尺 (バーニヤ) とノギス

　長さや角度を測定するとき，主尺の最小目盛の 1/10, 1/20, 1/30 を目測によらず精密に読み取る器具が副尺である．図 5.1 は副尺の用いられている例を示している．これはノギス (またはバーニヤ，キャリパー) とよばれ，円筒の内径，外径，板の厚さ，穴の深さなどを測るのに用いられる．

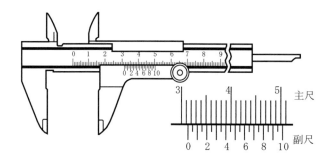

図 5.1　ノギス (バーニヤ，キャリパー)

　副尺の構成は図 5.2 のようになっており，主尺の $(n-1)$ 目盛分の長さを n 等分した位置に副尺目盛が刻んである．副尺の 1 目盛は主尺の 1 目盛と比べ主尺の $1/n$ 目盛分だけ短くなっており，両目盛の一致点を読むことによって主尺の最小目盛の $1/n$ まで正しく読み取ることができる．

　たとえば主尺が 1 mm 間隔に目盛られ，その 9 目盛分を 10 等分した副尺をもつときは，1 目盛の食い違いが 1/10 であるため，図 5.2 の例のように，副尺の 4 の目盛が主尺の目盛と一致していれば，副尺の 0 の位置を超えない主尺目盛の読み 0.5 cm に $4/10 = 0.4$ mm を加えた，0.54 cm が読み取り値である．主尺と副尺の完全な一致点が必ずしも見いだせない場合には，両尺の目盛が最も近い副尺の目盛を読めばよい．

　図 5.1 のノギスでは，副尺が 0.5 目盛までであり，主尺目盛は副尺の 3.5 の目盛で一致していることが読み取られる．したがって，副尺の 0 を超えない主尺目盛の読み 3.1 cm に 0.35 mm を加えて，測定値は 3.135 cm となる．

　図 5.3 は分光計の角度目盛についている副尺を示す．これは主尺の最小目盛が $30'$ であって，その 29 目盛を 30 等分した副尺を用いており，結局，$1'$ まで読むことができる．

問 1　図 5.3 の目盛の読みはいくらか．　　(答 $20°\,18'$)

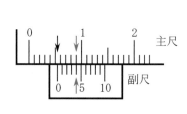

図 5.2　副尺の読み方

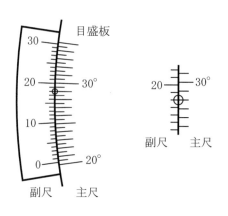

図 5.3　分光計の主尺と副尺

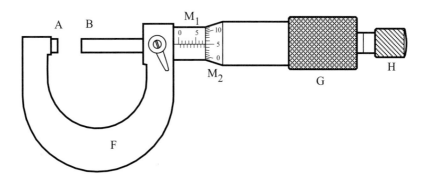

図 **5.4** マイクロメータ (スクリュー マイクロメータ)

マイクロメータ

　針金の直径や薄板の厚さなどを精密に測る器具として，図5.4に示すようなマイクロメータがある．使用方法によく慣れ，注意深く使用せよ．まず，フレーム (F) のところを左手で持ち，右手でGをゆっくり回し，AとBの間に物体をごく軽くはさむ．このとき，回転部分に加える力に比べて，AB間にはたらく力は非常に大きくなる．実際の構造上から，G部分に加える回転力の約100倍の力がAB間にはたらき，うっかりすると締めすぎて，物体をつぶしたり器具をいためたりする．したがって，物体にABが接触する前にG部分を回すことをやめ，H部分を回さなければならない．H部分が空回りするようになったら，主尺目盛 M_1 と副尺目盛 M_2 を読み取る．

　まず目盛 M_2 の1回転が M_1 の何 mm に相当するか調べよ．次に，マイクロメータはいつも零点を0.000に合わせることはできないので，零点 (AB間に何もはさまずにABを接触させたときの目盛の値) を読め．このときの締め加減は，当然物体をはさむときの締め加減に等しくなくてはならないから，H部分を回し，空回りするようになったときが，零点の読みとなる．零点の読みを ε とすると，$-\varepsilon$ を零点補正とし，物体をはさんだときの読み a に対して，測定値を $a-\varepsilon$ とすればよい．

問 2　図5.4の目盛の読み a はいくらか．ただし，M_2 の50目盛が M_1 の1目盛 (0.5 mm) に相当するものとする．　(答　7.550 mm)

5.2　物差，メータ類の目盛の読み方

　電圧計や電流計のようなメータの指針の目盛を読み取ったり，厚みのある物差の目盛を使って長さを読み取ったりするときは，目盛板に垂直な方向から読み取らなければならない．これを正確に行うために，目盛に鏡がついている場合がある．このような測定器では，図5.5に示すように，測定する物体上の1点 P(メータの場合には指針) とその像 P′ を結んだ直線上の目盛を読む．すなわち，図のPとP′が重なるような位置に目を置いて目盛を読み取ればよい．

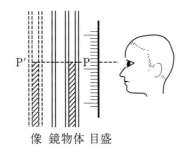

図 **5.5**　鏡付き目盛板の読み取り

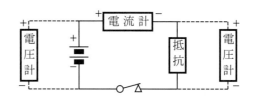

図 **5.6**　電流計，電圧計，抵抗の接続

5.3 電気回路と計器

電気回路は，測定回路，電源，電圧計，電流計，抵抗などを用いてつくられる．これらの機器，計器類の使用法が正しくないと，望む精度が得られないばかりでなく，場合によっては誤った結果を得たり，計器を破損したりする．これらの計器についての大切な事項について述べる．

電圧計，電流計

(1) 種類，精度とフルスケール

電圧計や電流計を見ると，表5.1に挙げたような文字や記号が見られる．型は，計器の動作原理に関する型を表している．用途は，表の記号の他にVOLT，D.C.，∿，mA，などのように，文字あるいは文字と記号が併記されている場合もある．使用位置は，計器を使用する際の計器 (目盛板面) の水平面に対する傾き角度を示している．垂直型の計器を水平にして使用したり，水平型の計器を垂直や傾斜させて使用したりすると，計器は正しい値を示さない．

クラス (階級) および精度は，規格で決められた精度による分類である．0.5級の計器にはCLASS 0.5などと記されている場合もある．また，精度±0.5%と記されているのは，その計器の示す値がフルスケールの±0.5%以内の不確かさをもつことを意味している．計器のフルスケール (またはレンジ) は，その数値を記した切り替えスイッチまたは固定端子を選ぶことにより決まる．あらかじめ，計器に流れる電流，かかる電圧を予想し，針が振り切れることのないようにフルスケールの値を選ぶ必要がある．また，計器には内部抵抗が何 Ω と記されているので，考慮に入れておく必要がある．

電圧計，電流計を回路につなぐのに先立って，零点がずれていないことを確かめる．著しくずれているときは申し出よ．

(2) 感度

ある計器の感度とは，測定する物理量の変化に対するその計器の応答の大きさの割合をいう．たとえば，電流計や検流計で，指針が静止位置から最小目盛だけ変化するために流れる電流の大きさをいう．

(3) 接続方法

電圧計を使用するときは，電位差 (電圧) を測ろうとする2点間に接続する．回路を組むときは，まず電圧計を考えないで電流の循環回路を先に完成し，そのあと測定すべき位置に電圧計を付加するのが普通である．

電圧計の読みは，それを接続した後の2点間の電圧を表している．電圧計を接続すると，電圧計の並列分枝ができ，それを流れる電流のため接続前とは状態が変化する場合があることに注意しなければならない．しかし，電圧計の内部抵抗は大きくしてあり，電圧計を入れたことで生じる電圧変化は多くの場合無視できるが，精度の高い測定をするときは補正しなければならない．電圧計を接続するときには，それが何V用であるか注意し，規格またはフルスケール以上の電圧のところにはつながないようにする．直流電圧計では極の符号に注意し，必ず+の方を高電位側の端子に接続する (図5.6参照)．電流計に規格以上の電流を流すと破損する．どれだけ電流が流れるかわからないときは，十分大きな抵抗を直列に入れて接続し，そのときの電流を見て，抵抗を除いても大丈夫かどうか判定しなければならない．電流計にも抵抗があるから，それを挿入することにより，多少状態が変わる．また，直流電流計を用いる場合，極の正負に注意すべきことは電圧計と同様である．電流が+極から電流計に入り−極から出ていくように接続する．

表 5.1 電流計，電圧計に用いられる文字と記号

型	可動コイル型	可動鉄片型	熱電型	整流型
用途	直流用	交流用	交直両用	高周波用

階級及び精度	0.2 級 (± 0.2 %)*	0.5 級 (± 0.5 %)*	1.0 級 (± 1.0 %)*	1.5 級 (± 1.5 %)*	2.5 級 (± 2.5 %)*
	副標準用	携帯用		配電線用	パネル用
	I	II	III	IV	V
	特別精密級	精密級	普通級	準普通級	

使用位置	垂直型	水平型	傾斜型

* フルスケールに対するパーセントを意味する

テスタ

　電気回路を調べる計器にテスタがある．テスタは，スイッチの切り替えにより，交流電圧，直流電圧，直流電流，抵抗を測ることができ，フルスケールを変えることも可能である．テスタでは，2 本の探針 (プローブ) を測定したい 2 端子に接触させて測定する．電流，電圧の測り方は上に述べたとおりであるが，探針 (テスタ側端子) には ± があるので，直流の場合には同様な注意が必要である．

　抵抗の測定は，測定しようとする抵抗の両端に他の閉じた回路が存在しない状態で行わなければならない．そのような回路が存在するときには，測定する抵抗の一端を回路から切り離して測ることが必要となる．テスタは内蔵電池で抵抗に電流を流しその大きさで抵抗値を測定している．場合によっては，電流が過大となり，測定する抵抗を破損することもあるので注意する．特に，電流計，検流計の内部抵抗をテスタで測定することは，絶対に行ってはならない．

回路の配線における注意

　回路図または実体配線図に従って配線し電気回路を組む場合には，以下に述べるような注意や手順を考慮しながら行う．

(1) 配線をする前に，測定器，電源，計器など装置の配置を考え，操作するものはできるだけ手前に置いて，実験しやすいようにする．

(2) 導線 (リード線) には種々の色のビニール被覆線が用意されている．JIS(日本工業規格) では，回路のどの部分にどの色の導線を使用すべきであるという詳しい規定をしている．たとえば，陽極に接続される部分には赤色，負の電圧回路やアース (0 電位) 回路には黒色としている．電池の正極に接続される回路には赤，負極には黒または青というように使い分け，電流がどの向きに流れるか，よくわかるようにすることが大切である．

(3) 導線を端子に固定するときにねじを強く締めすぎて破損してはならない．また，いくつかの導線を1つの端子に固定する必要が生じることもあるが，1端子に3つ以上の導線を固定しないよう工夫した方がよい．導線の端が端子からはみ出して，他の触れてはいけない箇所に接触しないように注意する．

(4) 配線の順序は，電源側からたどっていくのがわかりやすいが，**電源の端子に接続するのは最後にする**．まず，主要な電流路をたどって，電源の他の極の隣まで一回りつないでしまう．つづいて，それに対して並列の回路や電圧計のような補助的回路をつなぐ．このとき，回路に沿って，電位も考えていけば，結線と同時に回路の機能も頭に入る．配線の際，各導線が交差したり，重なったりしないよう気を配っておくと，回路図と対照しやすく，配線の誤りを防ぐことができる．

全部の配線が終わって，配線に誤りがないことを確かめた後，回路内のスイッチが OFF であることを確認して，電源に接続する．電池を用いるときも，**電池の一方の極 (＋極) は最後に注意深く結線する**．計器の動きに注目しつつ，スイッチなどを入れていく．万一，計器の指針が逆に動いたり，振り切れたりしたら，直ちに電源を切る．導線をはずして回路をとく場合には，まず電源から切り離す．そうしないと配線が短絡 (ショート) して，思わぬ失敗をすることがある．

直流安定化電源

電気回路を用いた実験では，テーマに応じたいろいろな値の，安定な直流電圧，電流を供給する電源を必要とする．最も身近な直流電源である電池 (乾電池，蓄電池) は，きわめて安定した直流電源であるが，供給電力がそれほど大きくないこと，つねに補充や充電が必要となるなどの難点があり，用途が限定される．そのため，交流電圧を変圧，整流した後，電子回路を用いて安定化した電圧，電流を供給する直流電源が用いられる．たとえば，実験で使用する装置では，10 V の出力電圧で変動を数 mV 程度に抑えた直流電圧を得ることができる．

このような直流電源は，負荷電流が変化しても電圧が一定に保たれる定電圧電源，あるいは負荷電圧が変化しても電流が一定に保たれる定電流電源として使用できるようになっており，それぞれの用途に応じて使用する．

実験で用いる直流安定化電源のうち，GPS-1830D は，設定によって定電圧電源，定電流電源として使用できる．装置のパネル面にある 2 つの CURRENT つまみ「COARSE(粗動)，FINE(微動)」は，出力電流の上限 (制限電流値) を設定するものであり，2 つの VOLTAGE つまみ「COARSE(粗動)，FINE(微動)」は，制限電流値以下の範囲で出力電圧を調整するものである．CURRENT つまみをある電流に設定すると，出力電流がその設定値以下となる電圧では自動的に定電圧電源［CV(Constant Voltage) モード］として動作し，出力電流が設定値に達すると定電流電源［CC(Constant Current) モード］として動作する．モニター横のスイッチを切り替えることで，出力電流もしくは出力電圧が表示される．

電源は以下のように設定して使用するが，電流値を設定する場合には，接続される負荷の許容電流を超えないように十分注意しなければならない．

直流安定化電源の使用法

(1) 2つの VOLTAGE つまみと 2つの CURRENT つまみを左いっぱいに回しきっておき，電源スイッチを ON にする．

(2) 電流計，電圧計で電流，電圧値が 0 のままであることを確認しながら，VOLTAGE つまみをゆっくり回して，COARSE，FINE とも右いっぱいまで回しきる．

(3) 次に，CURRENT つまみを少し右に回すと，電流，電圧が増加し始める．電流の上限値を決め，CURRENT つまみをさらに右に回して，その電流値に設定する．

(4) 以上の設定後，次のいずれかの場合に従って，電圧あるいは電流を調節する．
(定電圧電源として使用する場合) 今度は，VOLTAGE つまみを左に回していくと，出力電圧，電流が変化する領域に入る．この範囲で出力電圧を任意の値に設定すれば，その電圧値で自動的に定電圧電源として動作する．
(定電流電源として使用する場合) CURRENT つまみを回して，出力電流を任意の値に設定すれば，その電流値で定電流電源として動作する．

実験

6 重力加速度

6.1 課題

ボルダの振子を用いて重力加速度 g を測定する．歴史的には重力加速度や振子の等時性などはガリレオ・ガリレイが測定し検証したことがよく知られている．この実験課題では比較的簡易な装置で重力加速度を測定し，実際にどのくらいの精度で測定できるのか，また測定結果と理論値を厳密に比較して，理論の不確かさと実験の不確かさがどのように構成されているのかについて学ぶ．

6.2 原理

質量のない長さ L の糸の一端に質量 m の質点をつけ，他端を固定して振動させる．このような理想的な単振子の運動は，振幅が小さければ単振動で近似され，その周期 T は

$$T = 2\pi \sqrt{\frac{L}{g}} \tag{6.1}$$

である．

この実験で用いるボルダの振子は，図 6.1 のような構造をしている．振子球，針金，振子支持体がそれぞれ単振子の質点，糸，固定点に相当する．ボルダの振子は，振子球の大きさが振子の長さに比べて小さく，針金の質量，振子支持体の質量が振子球の質量と比べて小さく，さらに振子支持体の運動周期が振子全体の周期とおよそ等しければ，糸の長さが

$$L = h_0 \tag{6.2}$$

の単振子で近似できる．ここで，h_0 は支持体のナイフエッジから振子球の中心までの距離である (詳しくは，剛体の力学において，物理振子の"相当単振子の長さ"として学習する)．

したがって，振子の長さに相当する距離 h_0 と周期 T を測定すれば，重力加速度 g が

$$g = \frac{4\pi^2 h_0}{T^2} \tag{6.3}$$

によって求められる．

用意された振子では，(6.3) 式は不確かさが $\delta g/g \sim 10^{-4}$ 程度の精度で成り立つ．また，振子支持体部分の周期調整ねじは，振子支持体の運動の影響が無視できるように，あらかじめ調整されている．

6.3 実験

装置と器具

ボルダの振子装置，水準器，巻尺，ノギス，ストップウォッチ，周期測定用目盛板

(1) 机の上にあがるときは必ず脚立を使うこと．椅子にのると回転するためたいへん危険である．

(2) 振子支持体部分の周期調節ねじは，あらかじめ調整されている．動かしてはならない．

(3) ナイフエッジから振子球の上端までの距離 l_0 の測定には巻尺を用い，振子球の直径 $2R$ の測定にはノギスを用いる．

(4) 周期 T の測定に用いるストップウォッチは，デジタル式で，1/100 s まで読み取ることができる．機能ボタンがいくつかあるので，使い方をよく練習してから測定に入ること．

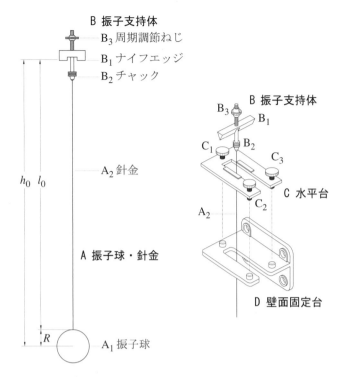

図 **6.1** ボルダの振子とその固定軸部分の構造.

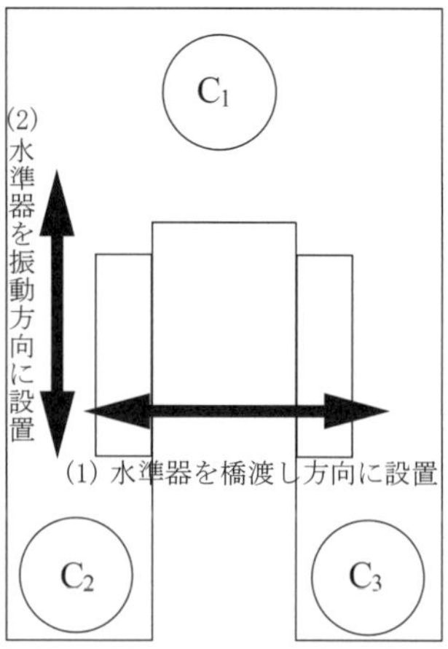

図 **6.2** 水準器による水平台の調整.

図 **6.3** (1) 水準器を橋渡し方向に設置し，C_2, C_3 ねじを回して水平に調整.

図 **6.4** (2) 水準器を振子振動方向に平行に設置し，C_1 を回して水平に調整する.

実験における注意

(1) 水平台を正しく水平に調整し，振子支持体が振れる方向に振子を振らなくては正しい測定ができない．また，測定中に振子球の軌道が振動面から外れて楕円を描くように振れてはならない．

(2) この実験は2人1組で行う．ナイフエッジから振子球の上端までの距離 l_0，周期 T の測定は，2人で協力して行う必要がある．

(3) 測定を十分注意深く行えば，g の値は不確かさが $\delta g/g \sim 10^{-4}$ 程度の精度で求めることができる．

(4) 測定終了後，測定値を整理し (6.3) 式により g の値を計算し，妥当な値が得られていることを確かめよ．もし求めた g の値が参考値 $g = 9.80\ \mathrm{m/s^2}$ から $0.02\ \mathrm{m/s^2}$ 以上も異なっていれば，何かの測定に誤りがあったおそれがあるので，原因を検討しなければならない．この作業が終わってから測定器具を片付ける．

測定

(振子の調整)
(1) この実験で使用するボルダの振子は図 6.1 に示したような構造になっている．壁面に取り付けてある
台 D の上に U 字型の水平台 C を置き，図 6.2, 6.3, 6.4 にあるように，水準器を使って水平台の調整
を行う．まず (1) 水準器を橋渡し方向に設置し，C_2, C_3 ねじを回して水平に調整，(2) 水準器を振子
振動方向に平行に設置し，C_1 を回して水平に調整する．水準器の泡が 2 本の線の間にくるように調整
せよ．

(2) 振子球をつるす針金が折れたり，はずれた場合は，担当者に報告し，次の処置をする．針金はおよそ
1.5 m 程度の鋼線を使う．振子支持体のチャック B_2 (図 6.1) にこの針金を取り付ける．針金のもう一
方の端は，ねじにあけてある穴に通して先を 2 mm 程度折り曲げ，ねじを締めて球に固定する．この
とき，実験中にチャックがゆるんだり球が落ちたりすることのないように，しっかりと固定せよ．し
かし，必要以上にかたくねじを締めてはならない．

(h_0 の測定 1)
(3) ノギスではさむ箇所を変えて，振子球の直径 $2R$ を 3 回測定せよ．
(4) 図 6.5 のように，ナイフエッジ B_1 を C の水平面に置き，振子をつるす．振子を 10 回程度振らせた
後，もう一度針金の取り付け部分がしっかり固定されていることを確認せよ．
次にナイフエッジから振子球の上端までの距離 l_0 を測る．針金を留めたチャックの先端からではない
ことに注意．注意深く 3 回測定せよ．この測定を毎回独立なものとするためには工夫が必要である．
たとえば，1 人が巻尺の一端の適当な目盛 a を 0 点としてナイフエッジに合わせ，他方が振子球の上
端の目盛 b を読み取ることにしよう．距離 l は a,b から式 $l = b - a$ によって計算される．このとき，
測定ごとに a の値を変え，その値を振子球の上端目盛 b の測定者には知らせないことにすれば，先入
観を排除できるので測定はそれだけ正確なものになる．
測定の結果は，たとえば，次のような形式で記録し整理されるであろう．

$$a = \begin{cases} 1.00 & \text{cm} \\ 0.00 & \text{cm} \\ 2.70 & \text{cm} \end{cases} \qquad b = \begin{cases} 122.70 & \text{cm} \\ 121.80 & \text{cm} \\ 124.45 & \text{cm} \end{cases} \qquad l = b - a = \begin{cases} 121.70 & \text{cm} \\ 121.80 & \text{cm} \\ 121.75 & \text{cm} \end{cases}$$

平均値 $l_0 = 121.75$ cm

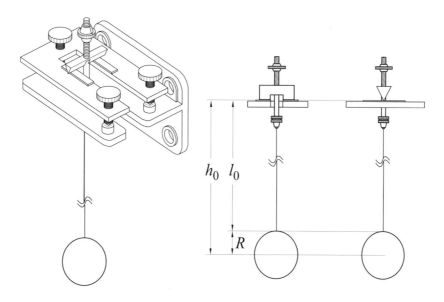

図 **6.5** ボルダの振子の設置図，前面および側面図，および l_0, R の測定図．

(5) R と l_0 の測定値から，振子の長さに相当する $h_0 = l_0 + R$ の値を求める．

(周期 T の測定)

(6) 振子の周期 T は，精度を上げるため，100 回の振動に要する時間 $100T$ を 10 回測定する．短時間にできるだけ多くの独立な測定値を得るため，測定開始後，10 回の振動ごとに途中経過時刻を測定し，200 回目まで繰り返す．

後で測定値を整理するときに便利なように，まず，以下に示すような形式の周期測定表を実験ノートに用意せよ．t_1 と t_2 の欄が各振動回数の途中経過時刻を記録する欄である．

回数	t_1		回数	t_2		$t_2 - t_1$	平均値との差の絶対値	その2乗
	min	s		min	s	s	s	s
0		0.00	—					
10		22.25	110	4	5.63	223.38	0.10	0.0100
20		44.62	120	4	27.94	223.32	0.04	0.0016
30	1	6.86	130	4	50.03	223.17	0.11	0.0121
⋮	⋮		⋮	⋮		⋮	⋮	⋮
100	3	43.23	200	7	26.44	223.21	0.07	0.0049
	平均					223.28	0.08	$10(10-1) = 90$ で割った平均 0.00238

(7) 周期測定における測定者の位置と周期測定用目盛板の配置を決めるため，ひとまず振子を平衡位置で静止させる．測定者は振子の正面に座り，振子の後に目盛板を立てる．目盛板はなるべく振子球の近くに置く．測定者の目の位置，針金，目盛板の基準線が一直線上にあり，その直線が振子の振動面に垂直になるように配置する．

(8) 次に振子を微小振動させる．振幅の大きさは振子球の中心が平衡位置から約 3cm 離れる程度にせよ．できるだけ振動面がナイフエッジに垂直で，かつ実験室の壁面に平行になるようにせよ．

(9) 周期の測定では，振動の回数は振子球が基準線を右から左へ通過する回数を数え，経過時刻はその瞬間をはかる．通過の向きは左から右へでもよいが，必ずどちらか一方に統一しておかなければならない．この測定では，どちらか一方が測定者になり他方が補助者になる．測定者は振動の回数を数え，経過時刻を測定する瞬間を判定する役割に専念し，補助者は測定者を助けて，振子の振動面がぶれずに正しく振れているか，測定者が数え間違えたりしていないか，など実験環境が変化しないように注意する．測定前にストップウォッチが正しく動作するか前もって確認しておく．実験セットごとにストップウォッチのマニュアルが用意されているが，以下の手順で設定できる．

- ストップウォッチ上段左側に SPLIT と表示させる．表示されていない場合は，SPLIT と表示されるまで右下の赤い MODE ボタンを押す．

- 下段の表示を見てすでに測定が始まっている場合，右上の START/STOP ボタンを押し，測定を止めて左側の LAP/SPLIT RESET ボタンを押すとゼロリセットされる．

(10) 測定者は，振子球が目盛板の基準線を通過する瞬間をとらえてストップウォッチの右側の START/STOP ボタンを押し，測定を開始する．START/STOP ボタンを押した瞬間は 0 回目の通過であって，1 回目ではないことに注意せよ．0 回目の通過なので上の段左側の SPLIT の欄に [0] と表示される．

(11) この実験で使用しているストップウォッチは，左側についている LAP/SPLIT RESET ボタンを押した時の累積経過時間を記憶することができる（最大 30 個）．10 回目の通過の瞬間に LAP/SPLIT RESET ボタンを押して上の段の表示を停止させる．上段左側の SPLIT の表示は [1] となる．次に 20 回目の

通過の瞬間に LAP/SPLIT RESET ボタンを押すとそのときの時間が上の段に表示され，SPLIT の表示は [2] となる．このように繰り返していき，200 回の通過，つまり SPLIT 表示が [20] となるまで LAP/SPLIT RESET ボタンを押す操作を繰り返す．これで振子の測定は終わりであるので，振れを止めておく．

ここでストップウォッチ中央の RECALL ボタンを押すと，下段左側に RECALL という表示が出る (RECALL モード)．START/STOP ボタンを押すと SPLIT の表示が [20]→[1]→[2]→ ⋯ と変化し，対応した累積経過時間がその右側に表示される．これを実験ノートに記録する．

記録が終了したらストップウォッチをリセットしておく．中央の RECALL ボタンを再度押し，通常モードに戻る．START/STOP ボタンを押し測定を止めて LAP/SPLIT RESET ボタンを押すとゼロリセットされる．

(h_0 の測定 2)

(12) 周期の測定が終わったら，(4) と同じように，ナイフエッジから振子球の上端までの距離 l_0 をもう一度測定し，$h_0 = l_0 + R$ を求める．注意深く 3 回測定せよ (今回は，$2R$ の測定はしなくてよい)．

(13) 測定値を以下の手順で整理し，(6.3) 式により g の値を計算する．妥当な値が得られていることを確かめてから，測定器具を片付ける．値が明らかにおかしい，もしくは判断できない場合は，まず教員か TA に相談すること．

6.4　測定値の整理と計算

(1) 振子球の半径 R の 3 個のデータを平均し，平均値 $\langle R \rangle$ の値と平均値の不確かさ

$$\delta R = \sqrt{\frac{(R_1 - \langle R \rangle)^2 + (R_2 - \langle R \rangle)^2 + (R_3 - \langle R \rangle)^2}{3 \cdot (3 - 1)}}$$

を計算する．「4.5　間接測定の計算と不確かさ」を参考のこと．R_1, R_2, R_3 が同じなら $\delta R = 0$ である．ちなみにノギスで測った直径は $2R$ であることに注意せよ．

(2) ナイフエッジから振子球の上端までの距離 l_0 の周期測定前の 3 個のデータと，周期測定後の 3 個のデータのそれぞれについて，平均値を計算する．周期測定の前後で求めた l_0 の値が不確かさの範囲内で一致している場合には，さらに両者を平均して l_0 の値と (1) と同等に 6 つの測定値から平均値の不確かさ δl_0 を求める (測定データが 6 個なので，分母は $6 \cdot (6 - 1)$ となる)．

もし一致しないときには，本来は再測定すべきであるが，時間的制約もあるので，著しく異ならない限り l_0 の値としてはそれらの平均値をとり，不一致の大きさも測定の不確かさ Δ と見なす (「4.4 測定値のまとめ」を見よ)．

(3) ナイフエッジから振子球の中心までの距離 h_0 の値と不確かさ δh_0 は，計算式 $h_0 = l_0 + R$ と $\delta h_0 = \sqrt{\delta l_0{}^2 + \delta R^2}$ により，l_0 と R の結果から計算する．

(4) 100 回の振動に要する時間 $100T$ の 10 個のデータを平均し，$100T$ の値と平均値の不確かさ $\delta(100T)$ を計算する．これをそれぞれ 100 で割り，周期 T の値と不確かさ δT を計算する．

(5) 測定値 h_0 と T から (6.3) 式によって重力加速度 g を計算する．このとき，数学定数 π の数値に与える有効数字は，同時に計算式に現れる測定値 h_0 と T それぞれの有効数字のうち，大きい方より 2 桁多くなるようにとる．

なお，このような数値計算の記録では，単に計算結果の数値だけを記録するのではなく，たとえば

$$g = \frac{4\pi^2 h_0}{T^2} = \frac{4 \times 3.141593^2 \times 123.75 \text{ cm}}{(2.2328 \text{ s})^2} = 979.95\text{\textsterling} \text{ cm/s}^2 = 9.7995 \text{ m/s}^2 \tag{6.4}$$

のように，最初に理論式を書き，次にそれに一対一対応した数値表現の式を記録し，最後に計算結果の数値を記録する．レポートには必ず上記のように記入せよ．このように記録しておくと，数値計算

に用いた測定値や数学定数の数値とそれらの有効桁数が一目瞭然で，最終結果を検討するのが容易になる．

(6) 重力加速度 g の測定値の不確かさ δg は (6.3) 式より

$$\left(\frac{\delta g}{\langle g \rangle}\right)^2 = \left(2\frac{\delta T}{\langle T \rangle}\right)^2 + \left(\frac{\delta h}{\langle h \rangle}\right)^2$$

すなわち

$$\delta g = \langle g \rangle \sqrt{\left(2\frac{\delta T}{\langle T \rangle}\right)^2 + \left(\frac{\delta h}{\langle h \rangle}\right)^2} \tag{6.5}$$

となる．上で求めた g, T, h_0 の値と不確かさ $\delta T, \delta h_0$ の値から，(6.5) 式によって不確かさ δg を計算する．

　(6.5) 式より，求めた重力加速度の不確かさを与える主な原因は周期の測定と振子の長さの測定に大別されることがわかる．周期の測定に関しては，測定途中での振子の振れた回数の数え違い，ストップウォッチの読みを秒の桁までしか行っていない場合の精度不足，針金と振子球および振子支持体の接続が十分でない場合に測定途中で振子の長さが変化するなどが考えられる．また，振子の長さの測定に関しては，振子を水平台に付けずに長さを測定したために，ナイフエッジからの測定になっていない，振子球の直径を測定する際のノギスの使用方法の誤り，直径 $2R$ を半径 R と間違えて l_0 に加えている，半径の単位を l_0 と合わせていないなどが考えられる．

考察のヒント

　予習の際に，それぞれの項目をわかる範囲でかまわないので調査・考察し，実験のための準備をしよう．また，実験の際にはできる限りの工夫をして実際に計測してみよう．

- 実験は単純のためいろいろな影響を無視している．それを組み入れて考えよう．最善を尽くして測定した場合でもどの影響が残るだろうか．

  針金と振子球の長さの測定の不確かさはどのくらいあるのだろうか.

  [   ]

  針金の重さも振子に影響を与える．針金がねじれていた場合，どうなるだろうか．

  [   ]

  空気抵抗，気温や気圧による不確かさも考える価値があるだろう．

  [   ]

  振子，特に振子球は剛体なので回転モーメントが存在する．これはどう影響があるか．

  [   ]

  振子の支持台が振子の影響や実験室内の振動で揺れていた場合，どのような影響があるだろうか．

  [   ]

  単振動にするため 1 次まで で計算しているが，その不確かさはどのくらい影響があるだろうか．

  [   ]

- 個々人の実験技術に起因する不確かさについて考えてみよう．

  ストップウォッチを押すタイミングの不確かさによる影響を見積もってみよう．どうすればこの不確かさは減るだろうか．[   ]

計測器 (ストップウォッチ自体) の不確かさはどうだろうか.

[   ]

振子球が楕円を描いてしまったときはどのようになるだろう.

[   ]

限られた回数しかはかっていないためによる統計の不確かさを見積もってみよう.

[   ]

数え間違いからくる不確かさはどのようになるだろうか.

[   ]

- 物理定数などの不確かさやより発展した課題についても考えてみよう.

  測定地点での重力加速度そのものの不確かさはいくらくらいになるだろうか.

[   ]

  円周率や理論計算過程の不確かさは結果にどのくらい影響があるだろうか.

[   ]

  重力加速度の歴史やその測定方法の進化についていろいろ調べてみよ.

[   ]

6.5 参考

　重力加速度が一定であると知られるようになったのはそれほど昔のことではない. 古代ギリシャの哲学者アリストテレス (BC384-BC322) の宇宙論を元に, 重い物ほど速く落下する (地球の中心へ向かう) との考え方がその後約 2000 年間支配していた. 重い物と軽い物を同時に落として観測することは, それほど難しい実験ではないにもかかわらずである. これは思考・思索することを実際に観測することより絶対視するといった考え方や, 宗教上の制限, 偉大な過去の文献を疑いもなく受け入れるなどの結果であろう.

　学生諸君も, 以上のことを教訓に, これまで学習してきたことを一度忘れて, 虚心坦懐に重力加速度の測定に臨んでほしい. 実際に重力加速度がどのような値になるのか, また, 本当にどのような重さの物でも同じ加速度で落ちるのか, よく考察してほしい.

図 **6.6** アリストテレスの宇宙観. 地球が宇宙の中心で, 天体が回っている.

重力加速度を精密に測定することは，実は我々の生活に非常に大きな影響がある．たとえばバネばかりの精度はその場所の重力加速度に直接関係している．つまりその場所の重力加速度がきちんと理解されている必要がある．日本では国土地理院が絶対重力の測定を行っており，道具立ては複雑なものの，原理は物を落とす落下法という単純なものである (http://www.gsi.go.jp/buturisokuchi/gravity_menu02.html)．絶対重力は刻一刻と変化しており，たとえば火山活動の兆候があるとマグマがマグマだまりに上昇してくるためその付近の重力が大きくなる．現在ではそれを観測できるほど重力加速度の測定精度が上がっている．

　地域による重力加速度の差であるが，よく言われている緯度が高くなると地球上の遠心力が小さくなるので重力が大きくなるというのは単純な説明すぎて厳密には正しくなく，実は地球がほぼ回転楕円体のジオイドで中心からの距離が変化するためである．実際に計算してみるとわかるが，見かけの遠心力による影響は緯度による重力の変化量の10分の1程度しかない．ただし，地球は水風船のように柔らかいので自転の遠心力の影響で自然に回転楕円体となっていることに注意しよう．つまり，地球の遠心力の影響で地球の形が北極南極を押さえるように扁平に変化し，緯度によって地球の中心からの距離が変わるために重力が異なるのである．

表 6.1　重力の加速度 g の実測値の例

地名	緯度			経度			高さ (m)	g (Gal)
オスロ (ノルウエー)	59°	55.1′	N	10°	46.6′	E	30.6	981.91261
パリ (フランス)	48°	49.8′	N	2°	13.2′	E	65.9	980.92597
網走	44°	1.0′	N	144°	17.0′	E	37.82	980.58914
ワシントン (アメリカ)	38°	53.6′	N	77°	2.0′	W	0.2	980.10429
東京	35°	38.6′	N	139°	41.3′	E	28.	979.76319
名古屋	35°	9.1′	N	136°	58.3′	E	46.21	979.73254
那覇	26°	12.2′	N	127°	41.3′	E	25.	979.09592
シンガポール (シンガポール)	1°	17.8′	N	103°	51.0′	E	8.2	978.06604
キトー (エクアドル)	0°	13.0′	S	78°	30.0′	W	2815.1	977.26319
メルボルン (オーストラリア)	37°	47.2′	S	144°	53.5′	E	37.4	979.96518
昭和基地	69°	0.5′	S	39°	35.4′	E	21.5	982.52433

(国立天文台編，理科年表 平成 10 年，丸善 1998 による)

7 等電位線

7.1 課題

円形導体箔の中心と円内の 1 点に電極を置き，この間に定常電流を流して箔内の電位分布を測定し，等電位線と電気力線を描く．電場も磁場も人間が直接感じることはできないが，小学生のとき理科・生活科などで磁石のまわりに砂鉄をまき，磁力線を見たことがある人も多いだろう．同様の原理で，磁場だけでなく電場の分布も可視化することができる．このテーマでは等電位線と電気力線を実際に引いて，電場の存在を理解しよう．

7.2 原理

定常電流が流れている導体箔の内部には，静的な電場とそれに対応する電位分布が生じる．この実験では，円形箔に正負の電極を置いたときの電位分布と電場分布を測定する．

電位と電場は等電位線と電気力線で表すことができる．等電位線は，その線上で電位が等しい曲線である．等電位線を等しい電位間隔で描けば，等電位線の間の距離と電場の強さは反比例する．電気力線は，その線上の各点での接線が電場の方向を向くような曲線であり，図 7.1 に示すように，等電位線と直交する．等電位線と電気力線とが交わって作られる近似的な長方形がそれぞれ互いにほぼ相似になるように描くことにより，電気力線の密度と電場の強さは比例することもわかる．本実験のアルミ箔のような等方的な導体の場合，電流は電場の方向に流れる．

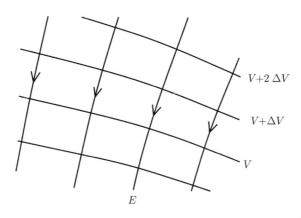

図 7.1 等電位線と電気力線の関係

実験では，半径 a の円形箔 の中心 O に ＋ 極を，$\mathrm{OK_1} \simeq a/2$ となるような $\mathrm{K_1}$ の位置に － 極を置いて，O と $\mathrm{K_1}$ の間に電流 I を流す (図 7.3)．このときの電位分布はほぼ計算することができて (**参考の** (7.1) 式)，それに基づいた計算曲線が図 7.2 に与えられているので，実験結果と比較することができる．図 7.2 は，電極の大きさを無限小にした場合の計算図である．実際には，電極の大きさが有限であることや，測定中に箔を傷つけたりすることによる電流分布の乱れが生じたりして，必ずしも計算図形とは一致しない．

7.3 実験

装置と器具

はさみ，円形の型 (固定ねじ付きの分度器 2 枚セット)，直流安定化電源，デジタル電圧計，電極付きアクリル板，導線，アルミ箔，定規，マーカー (2 色以上)，ピン

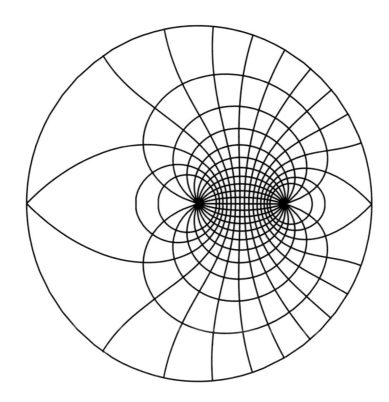

図 7.2 等電位線と電気力線の計算結果
(左端と右端との間の電圧の 1/10 の電圧間隔で描かれた等電位線)

アルミ箔を円形に切る上での注意

(1) アルミ箔を円形の型 (固定ねじ付きの 360° 分度器 2 枚) の円形に切る. まず, アルミ箔をしわの寄らないように注意しながら 25 cm 四方位の長方形に切り取る. 次に, 円形の型を分解する. ねじは紛失しないように注意する.

(2) しわが寄らないように注意しながら, そのアルミ箔を円形の型 2 枚ではさみ, 中心の穴を固定ねじで固定する. 固定ねじで, よけいな穴をあけないように注意せよ. 電流が均等に流れる必要があるので, アルミ箔の特に真ん中付近によけいな穴や傷がつくと, 電流分布が乱れてきれいな電気力線が引けなくなる.

(3) 円形の型からはみ出したアルミ箔をはさみで切り取り, 円形箔を作る. しわや傷をつけないように円形箔をとりだし, 実験に使用せよ. よけいな穴や傷をつけたなら, はじめからやり直す. 2 度ほど失敗して切り取りがうまくいかないようなら, 自分で判断せず教員, TA に相談して, 作った円形箔が使用に耐えるかどうか確認し, 切り取りのコツなどを教えてもらうこと.

(4) 円形アルミ箔が折れ曲がらないように, 特に**端の部分が折れ曲**がっていないように**注意**する. 折れ曲がると, アルミ箔の厚さにむらができて, 電気抵抗が局所的に変化し, 等電位線の実験の前提条件が変わるので注意せよ.

(5) 実験終了後, 使ったアルミ箔や切りくずは指示されたリサイクル用のゴミ箱に入れ, 円形の型は次の実験者のために組み戻しておくこと.

デジタル電圧計を使用する上での注意

(1) デジタル電圧計はあらかじめ実験に適切な設定を行っているので, 実験に不要なスイッチ操作は行わないこと. うまくいかない場合は教員, TA に相談すること.

(2) 以下実験にデジタル電圧計を使用する場合の不確かさは等電位線の精度そのものであるので、なるべく ±1 μV になるようにする.

測定

(1) デジタル電圧計のプラグを差し込み電源のスイッチを入れる.
(2) 指針にとじ込んである指定のレポート用紙を切り離して記録紙として用いる. アクリル板から電極 (真ちゅうねじ) を取り外し、アクリル板上に実験サブグループ全員の記録紙をのせて、その上に円形箔を重ねる. 円形の型 (分度器) はこのあとの作業では必要ない. 記録紙の下辺とアクリル板の上端がほぼ一致するように記録紙を置く. 円形箔を作るときにできた穴に、真ちゅうねじを箔の方から差し込み (ねじの頭で円形箔を押さえる向き)、導線の円い端子をアクリル板の裏側で電極 O,K_1 に接続すると同時に、記録紙と円形箔をアクリル板上に固定する. このとき、箔にしわがよらないようにする. 図 7.3 のように O と K_1 を通る直径の両端 A,B の位置を記録紙に記す. 最終的な記録紙上の等電位線と電気力線はおおむね図 7.4 のようになるので、O,A,B それぞれの点が記録紙のどのあたりに来るかよく注意すること. 記録紙の方向の上下は問わない.

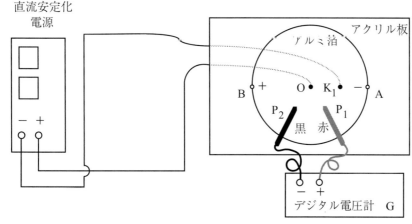

図 **7.3** 実験装置

(3) デジタル電圧計 G の ＋ 端子には赤い探針 P_1 を、－ 端子には黒い探針 P_2 を接続していることを確認する.
(4) 直流安定化電源は、プラグをコンセントに差し込む前に、電源スイッチ (POWER) を OFF にしておき、VOLTAGE つまみと CURRENT つまみを左いっぱいに回しておく. 次に、直流安定化電源のプラグを差し込み、スイッチ (POWER) を ON にする. 異常があれば直ちにスイッチを OFF にして教員、TA に連絡する.
(5) VOLTAGE つまみを右いっぱいに回しておく. CURRENT つまみを回して回路に流れる電流を 0.6 ～0.9 A にする. この状態で、アルミ箔に定常電流が流れることになる. もし電流値に反応がない場合は電線が断線している可能性があるので、教員、TA に問い合わせる.
(6) デジタル電圧計の探針 P_1(赤) をアルミ箔の直径の一端 B 点に、探針 P_2(黒) を他端 A 点に接触させる (図 7.3). AB 間の電圧がほぼ 500 μV になるように CURRENT つまみを回して調整する. この際、直流安定化電源が**定電流動作** (メータ表示の数字の左に **C.C.** と赤い表示がされている) **状態**であることを確認する. 定電流動作状態とは電源が試料の抵抗値によらず一定の電流を流す状態になっていることをいう. 電源とねじの頭、ねじと箔の間の抵抗値が微妙に変化することがあるのでこの状態にする必要がある.
(7) 2 分間程度放置して、回路系を安定させる. この間、以下の手順について読んでおくと、実験が手際よく進む.

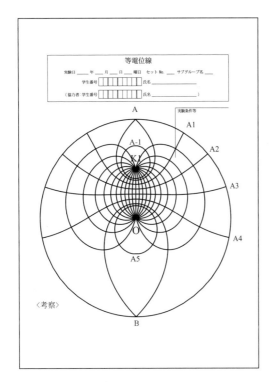

図 7.4　最終的に等電位線と電気力線を記入したあとの記録紙

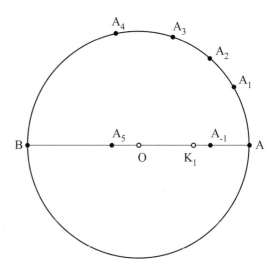

図 7.5　基準点 A,B および代表点 A$_{-1}$, A$_1$,A$_2$,A$_3$,A$_4$,A$_5$

(8) B 点に探針 P$_1$(赤) を，A 点に探針 P$_2$(黒) を接触させて，AB 間の電圧が 500 μV の値を示すように CURRENT つまみを回して調整する．直流安定化電源が**定電流動作状態 C.C.** であることを確認する．電流の読みを記録する．

(9) A 点に探針 P$_2$(黒) を接触させて，探針 P$_1$(赤) を A から箔の外縁に沿って少しずつ動かし，デジタル電圧計の値が 100,200,300,400 μV となる点 A$_1$,A$_2$,A$_3$,A$_4$ を求め (図 7.5)，箔上に軽く印を付ける．隣り合う点のマーカーの色を変えたりして，実験上区別しやすくせよ．さらに A 点に探針 P$_2$(黒) を接触させたまま，A 点と B 点を結ぶ直線上にデジタル電圧計の振れが -100 μV になる点 A$_{-1}$ を求め，その後，探針 P$_1$(赤),P$_2$(黒) を離す．次に，B 点に探針 P$_2$(黒) を接触させて，A 点と B 点を結ぶ直線上にデジタル電圧計の値が 100 μV になる点 A$_5$ を求め (図 7.5)，箔上に軽く印を付ける．

(10) 上の (9) で求めた代表点 (A$_{-1}$,A,A$_1$,A$_2$,A$_3$, A$_4$,B,A$_5$) の 1 つの点に探針 P$_2$(黒) を立て，探針 P$_1$(赤) を箔に接触させながら，その点と等電位になる点を探してその点と同じ色のマーカーで印をつける．探針 P$_2$(黒),P$_1$(赤) が等電位とは 2 つの探針を箔に接触させたとき値が 0 μV を示すことである．この不確かさが等電位線の精度を決める．

(11) このような操作を次々と繰り返し，P$_1$(赤) が直線 AOB 上に達するまで等電位点を 10 点程度探し印を付ける．測定時間が長くならないで滑らかな等電位線が描けるように，図 7.2, 7.4 を参考にして，等電位線の曲率の大きい部分では測定点を密に，小さい部分の測定点はまばらにして測定する．このような測定を A と B を含む 8 点について行う．等電位点を探す際に，箔をあまり傷つけないように注意する．A 点と B 点の近くは，等電位線の間隔が広くて等電位点は探しにくい．近くの点は探さなくてよい．

(12) 以上の測定を終えたら，デジタル電圧計のスイッチを OFF に戻し，直流安定化電源のつまみ両方とも左に回しきり，スイッチを切って，電源プラグをコンセントから引き抜く．最後に回路を片付ける．

(13) 箔と記録紙を重ねた状態で，ピンを使用して測定点を記録紙に正確に写し取る．このとき，箔の外形

および電極の位置も合わせて写す.

7.4 測定結果の整理

(1) 写し取った記録紙の上で測定点を滑らかにつないで等電位線を引く. 次に, それらに直交するように適当な本数の電気力線を描く. このとき, 隣り合う 2 本の等電位線と 2 本の電気力線がつくる近似的な 4 角形が数多くできるが, 隣接するそれらが互いにほぼ相似になるように電気力線を描く. 電気力線の間隔を決める. 図 7.4 を参考にせよ. 数 μV の精度で測定する必要があるので, 場合によっては同様の測定結果にならないことも多い. 疑問に感じた場合はやり直さず, まず教員や TA に相談すること.

(2) 等電位線と電気力線が描かれた記録紙の下段余白に, 7.5 実験ノートの記録例 の事項なども記録してレポートとし, 個人ごとに提出せよ.

7.5 実験ノートの記録例

実験題目 ………
    日時, 協力者, 実験セット番号, 使用器具など

測定条件: 基準点 A,B の電圧, 定電流電源の電流値など

考察のヒント

予習の際に, それぞれの項目をわかる範囲でかまわないので調査・考察し, 実験のための準備をしよう. また, 実験の際にはできる限りの工夫をして実際に計測してみよう.

- 実験で無視している要素を入れて考えてみよう.

  実験では非常に小さい電圧を測定しているが, 定電流源の電流値の変動の影響はどのくらいあるだろうか. [   ]

  探針とデジタルマルチメータの間の導線は測定の際ねじれたり巻いたりするが, これらの抵抗やインダクタンスの変化は影響するだろうか. 計測中に温度や湿度などがどんどん変化するが, これらの影響はどのくらいあるだろうか. [   ]

  人体や実験装置, 机などが近くにある場合と遠くにある場合でどのような差があるだろうか.

  [   ]

  この実験条件で等電位線・電気力線が左右非対称になるとしたら, どういう要因が考えられるか.

  [   ]

- 個々人の実験技術に起因する不確かさについて考えてみよう.

  電位の測定中にアルミ箔を手で触った場合と触らなかった場合でどのような変化が見られたか.

  [   ]

  探針でアルミ箔を指し示す際のわずかな場所のずれによる不確かさはどのくらいあるだろうか.

  [   ]

  探針をアルミ箔に押し当てるときの力の加減による接触抵抗の変化はどのくらい影響を与えるだろうか. [   ]

アルミ箔を理想的に切り出した場合に比べて，実験で使用したアルミ箔のしわや真円からのずれはどのくらい影響があるか．今回は等電位線に対して，電気力線を目測で引いたが，より精度よく引く方法はないだろうか．[   ]

ここまでで考慮した不確かさの範囲で，実験的に決めた等電位線は理論予想に一致しているか．

[   ]

- 物理定数などの不確かさやより発展した課題についても考えてみよう．

  アルミ箔の理論的な抵抗値と測定された電流，電圧の値から求まる抵抗値は正しく合っているだろうか．[   ]

  この実験において電気力線と等電位線は本当に直交しているだろうか．

  [   ]

  なぜ電気力線は K_1 から O まで直線的に結ぶだけでなく，わざわざ遠回りして行くものもあるのだろうか．数式を使わず直感的な説明を考えてみよ．

  [   ]

7.6　参考

円形導体箔内の電位分布

定常電流が流れている導体箔の内部には静的な電場が生じている．円形箔 (半径 a，厚さ t，電気伝導率 σ) の中心 O に正電極を，$OK_1 = \ell\ (\simeq a/2)$ となるような K_1 の位置に負電極を置いて，O と K_1 の間に電流 I を流す (図 7.6)．

このとき理論によれば，箔内部の点 $P(r, \theta)$ の電位は，点 A の電位を基準にして，

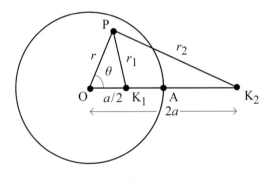

図 **7.6**　円形導体箔内の電位

$$V(r,\theta) = \frac{I}{2\pi\sigma t} \log \frac{2r_1 r_2}{ar} \tag{7.1}$$

で与えられる．ここで

$$r_1 = \sqrt{r^2 + \ell^2 - 2\ell r \cos\theta} \tag{7.2}$$

は PK_1 の距離であり，

$$r_2 = \sqrt{r^2 + \left(\frac{a^2}{\ell}\right)^2 - 2\left(\frac{a^2}{\ell}\right) r \cos\theta} \tag{7.3}$$

は PK_2 (K_2 は OK_1 の延長線上 $OK_2 = a^2/\ell \simeq 2a$ の位置) の距離である．したがって，導体箔の円周上の点 (a, θ) の電位は，(7.1), (7.2), (7.3) 式において $r = a$ として，

$$V(a,\theta) = \frac{I}{2\pi\sigma t} \log(5 - 4\cos\theta) \tag{7.4}$$

で与えられる．この結果は以下のように導くことができる．

無限に広い厚さ t の導体箔上の1点 O に正電極を，O から十分離れた位置 C に負電極を置き，2つの電極間に定常電流 I を流す．このときの O の近くでの電流密度は O に関して等方的になる．したがって，O の近くで O から位置ベクトル r の点 P における電流密度 J の大きさは

$$J = \frac{I}{2\pi t r} \tag{7.5}$$

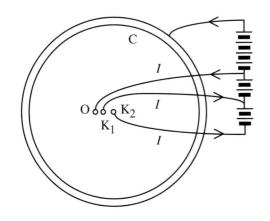

図 7.7 定常電流源 O, K_1, K_2

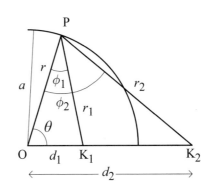

図 7.8 角度と長さの関係

となり，その向きはベクトル r の向きである．

次に，図 7.7 のように，O の近くに O,K_1,K_2 が一直線上にあるような 2 点 K_1,K_2 にも電極を置き，また，K_2 を中心として OK_1,OK_2 の距離に比べて十分大きな半径の円周上に円環状の電極 C を置く．このとき，C に対する K_1 と K_2 の電位を適当に調整すると，O から箔へ $+I$ の電流が流れ込み，K_1 と K_2 からは $-I$ の電流が流れ出るようにすることができる．したがって，C からは全体として $+I$ の電流が箔に流れ込むことになる．すなわち，箔に対して O が $+I$ の定電流源，K_1 と K_2 が $-I$ の定電流源と見なすことができる．このとき，任意の点の電流密度は，O,K_1,K_2 の各電源がそれぞれ独立に存在するときの電流密度の重ね合わせで与えられる．

O を座標原点として，O の近くの点 $P(r,\theta)$ の電流密度の OP 方向成分 J_r を考える．$OK_1 = d_1$, $OK_2 = d_2$ とすると，C の半径が d_1,d_2 に比べて十分に大きいので，J_r は

$$J_r = \frac{I}{2\pi tr} - \frac{I}{2\pi tr_1}\cos\phi_1 - \frac{I}{2\pi tr_2}\cos\phi_2 \tag{7.6}$$

と表される．ここで，$r_1 = PK_1$, $r_2 = PK_2$, $\phi_1 = \angle OPK_1$, $\phi_2 = \angle OPK_2$ である (図 7.8 参照)．$r = a = \sqrt{d_1 d_2}$ のときには，$\triangle OPK_1$ から

$$\cos\phi_1 = \frac{r_1{}^2 + a^2 - d_1{}^2}{2ar_1} = \frac{r_1{}^2 + d_1 d_2 - d_1{}^2}{2ar_1} \tag{7.7a}$$

の関係が得られ，また，$\triangle OPK_2$ から

$$\cos\phi_2 = \frac{r_2{}^2 + a^2 - d_2{}^2}{2ar_2} = \frac{r_2{}^2 + d_1 d_2 - d_2{}^2}{2ar_2} \tag{7.7b}$$

の関係が得られる．(7.7a), (7.7b) 式を (7.6) 式に代入すると，

$$\begin{aligned} J_r &= \frac{I}{2\pi ta}\left\{1 - \frac{r_1{}^2 + d_1(d_2 - d_1)}{2r_1{}^2} - \frac{r_2{}^2 + d_2(d_1 - d_2)}{2r_2{}^2}\right\} \\ &= \frac{I}{2\pi ta}\cdot\frac{d_1 - d_2}{2}\cdot\left(\frac{d_1}{r_1{}^2} - \frac{d_2}{r_2{}^2}\right) \end{aligned} \tag{7.8}$$

一方，

$$\cos\theta = \frac{a^2 + d_1{}^2 - r_1{}^2}{2ad_1} = \frac{a^2 + d_2{}^2 - r_2{}^2}{2ad_2} \tag{7.9}$$

の関係があるから

$$\frac{d_1}{r_1{}^2} = \frac{d_2}{r_2{}^2} \tag{7.10}$$

となり，(7.8) 式は 0 となる（$a^2 = d_1 d_2$ のときには $\triangle \mathrm{OPK_1}$ と $\triangle \mathrm{OPK_2}$ が相似となることを用いても，$r = a$ の円周上で $J_r = 0$ となることを示すことができる）．したがって，半径 a の円周上のどの点でも $J_r = 0$ となる．すなわち，O から箔へ流れ込んだ電流は，この円を突き抜けることができず，すべて $\mathrm{K_1}$ から箔の外へ流れ，円周上では電流は円周に沿って流れる．また，外部を流れる電流も，この円を突き抜けて内部に入ってくることはなく，大きな半径の電極 C から箔へ流れ込んだ電流は，すべて半径 a の円を避けて $\mathrm{K_2}$ に集まって出ていく（図 7.9）．したがって，半径 a の円周に沿って箔に切れ目を入れ，内部と外部を切り離しても全体の電流分布は変わらず，外部とは独立に内部だけの様子を考えてよい．この内部の様子は図 7.6 の状況と一致している．

　さて，一般に伝導率 σ の導体箔内の 1 点における電流密度 $\boldsymbol{J}$ とは $\boldsymbol{J} = \sigma \boldsymbol{E}$ の関係がある．したがって，図 7.6 の円形導体箔内の電場分布は，図 7.9 の $\mathrm{O}, \mathrm{K_1}, \mathrm{K_2}$ それぞれを $+I, -I, -I$ の電流源とする十分に広い導体箔の O を中心とする半径 a の円周内部の電場分布に等しい．この電場による箔内の任意の点 $\mathrm{P}(r, \theta)$ での電位は，3 個の電流源が P 点に独立に作る電位の代数和で与えられる．図 7.6 の A 点を電位の基準点にとると，それぞれの電流源が P 点に作る電位は

$$V_\mathrm{O} = \int_r^a \frac{I}{2\pi\sigma t r}\mathrm{d}r = \frac{I}{2\pi\sigma t}\log\frac{a}{r} \tag{7.11a}$$

$$V_\mathrm{K_1} = \int_{r_1}^{a-d_1} \frac{-I}{2\pi\sigma t r}\mathrm{d}r = \frac{-I}{2\pi\sigma t}\log\frac{a-d_1}{r_1} \tag{7.11b}$$

$$V_\mathrm{K_2} = \int_{r_2}^{d_2-a} \frac{-I}{2\pi\sigma t r}\mathrm{d}r = \frac{-I}{2\pi\sigma t}\log\frac{d_2-a}{r_2} \tag{7.11c}$$

となる．したがって，3 個の電流源が同時に存在するときの点 $\mathrm{P}(r, \theta)$ の電位 $V(r, \theta)$ は

$$\begin{aligned} V(r, \theta) &= V_\mathrm{O} + V_\mathrm{K_1} + V_\mathrm{K_2} \\ &= \frac{I}{2\pi\sigma t}\log\frac{ar_1 r_2}{r(a-d_1)(d_2-a)} \end{aligned} \tag{7.12}$$

さらに，$d_1 = a/2$，$d_2 = 2a$ のときには，

$$V(r, \theta) = \frac{I}{2\pi\sigma t}\log\frac{2r_1 r_2}{ar} \tag{7.13}$$

で与えられる．

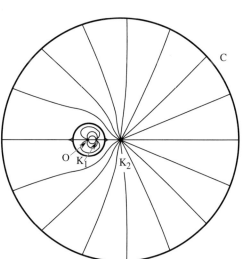

図 **7.9**　電流分布

身近な電位と電場

　重力や磁力と同様に電気力も身近な力の 1 つである．化繊や毛織物の服を着たり冬に自動車のドアノブに触れたりすると静電気を感じることもある．またこすった下敷きなどに細かい紙くずや髪の毛が吸着するような現象，気象現象としての雷なども電気によるものである．このように電気的な現象はよく知られているが，電位や電場そのものは感じることも見ることもできないので，直感的な理解が難しい．この実験では 2 つの点電荷をもとに等電位線と電気力線を引き，磁石との類推も可能なように図式化するのがテーマである．

8 磁場中の電子の運動

8.1 課題

一様な磁場中における電子の運動を電子の速度，磁場の強さを変えて観察し，ローレンツ力に関する理解を深めるとともに，電子の比電荷を求める．

8.2 原理

加速電圧 V で加速された電子 (電荷 $-e$，質量 m) が，速度 $\boldsymbol{v}$ ($v=|\boldsymbol{v}|$) で，一様な磁束密度 $\boldsymbol{B}$ ($B=|\boldsymbol{B}|$) の磁場に垂直に入射すると，磁場からローレンツ力 $\boldsymbol{F}=-e\boldsymbol{v}\times\boldsymbol{B}$ をうけて円運動をする (図 8.1).

このとき，円軌道の半径を r とすれば，次の関係式が成立する．

$$eV = \frac{1}{2}mv^2$$

$$m\frac{v^2}{r} = evB . \tag{8.1}$$

(8.1) 式 から

$$r = \frac{mv}{eB} = \sqrt{\frac{2m}{e}}\frac{\sqrt{V}}{B} \tag{8.2}$$

が得られる．したがって，軌道半径 r は，v あるいは $\sqrt{V}$ に比例し，B に逆比例する．

また，(8.2) 式の関係

$$\frac{e}{m} = \frac{2V}{B^2r^2} \tag{8.3}$$

を用いれば，V,B,r を測定して，電子の比電荷 e/m を実験的に求めることができる．

電子の速度が磁場に対して垂直でない一般の場合には，速度を磁場 $\boldsymbol{B}$ に平行な成分と垂直な成分に分けて $\boldsymbol{v}=\boldsymbol{v}_{\parallel}+\boldsymbol{v}_{\perp}$ を考える．このとき，電子にはたらく力は $\boldsymbol{F}=-e\boldsymbol{v}_{\perp}\times\boldsymbol{B}$ となり，$\boldsymbol{v}_{\perp}$ と $\boldsymbol{B}$ に垂直で，$\boldsymbol{v}_{\parallel}$ によらず，$\boldsymbol{v}_{\perp}$ だけに依存する．$\boldsymbol{B}$ に平行方向には力をうけない．したがって，磁場に垂直方向には半径 $r=mv_{\perp}/(eB)$ の円運動を，平行方向には $\boldsymbol{v}_{\parallel}$ の等速度運動をする．その結果，電子は磁場に平行な軸のまわりにらせん軌道を描いて運動する．なお，一様な磁場中での電子の運動についての詳細は，「8.6 参考」を参照せよ．なお $\odot$ は，紙面に垂直で背面から上方を向いているベクトルを表す．

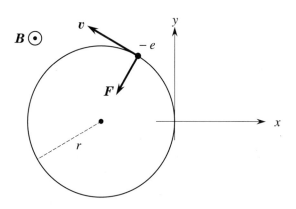

図 8.1 磁場中の電子の円運動

8.3　実験

装置と器具

　電子の比電荷測定器 (e/m 測定用管球，ヘルムホルツ・コイルなど)，管球ヒーター電源・電子の加速電源，ヘルムホルツ・コイル用直流安定化電源，電圧計などの測定装置は図 8.2 のように接続されている.

(1) e/m 測定用管球

　　測定用管球は，電子ビームを一定の速度で放射するための電子銃を備えており，加熱された陰極 (K) から出た熱電子は，陽極 (P) との間で加速され，陽極の小さい穴を通ってほぼ一定の速度で上方へ打ち出される. 電子は，管球内に 1 Pa 程度の圧力で封入されているヘリウムガス (または水素ガス) と衝突してこれを発光させるので，電子の飛跡を見ることができる.

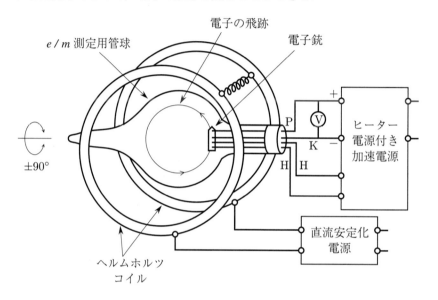

図 8.2　測定装置図

(2) ヘルムホルツ・コイル

　　ヘルムホルツ・コイルは，半径 R の円形コイル 2 個を R の距離を隔てて平行に置いたものである. このコイルによって，中央部にコイル面に垂直にほぼ一様な磁場がつくられる. 電流を I，巻数を N とすると，磁束密度 B の大きさは

$$B = \left(\frac{4}{5}\right)^{3/2} \frac{\mu_0 NI}{R} \tag{8.4}$$

で与えられる. μ_0 は真空中の透磁率である. 使用するヘルムホルツ・コイルでは，$R = 0.15\,\text{m}$，$N = 130$ である. 磁束密度の大きさは，たとえば $I = 1\,\text{A}$ とすれば，$B = 7.8 \times 10^{-4}\,\text{T}$ となる.

使用上の注意

(1) 透明アクリルケースで保護されている電圧計，電線，端子には最大 300 V の電圧がかかり，感電するとショック状態になるなど非常に危険である. 決して金属端子部分に触れてはいけない.

(2) 各セットの装置はすでに大部分が結線されており，その実体配線図が装置に描かれている.

(3) e/m 測定用管球の内部は真空に近い状態になっているので，一部が破損すると全体が一気に破壊されて，破片で失明するなどきわめて危険である. **測定者は必ず保護めがねをかけること.** 管球をボールペンや定規でつつくといったことがないよう，衝撃を与えないように十分注意して取り扱う.

(4) 装置の測定者側のふたは，測定の便宜のため簡単に外れるようになっている.

(5) 加速電圧 V は 300 V, コイル電流 I は 2 A をそれぞれ超えないようにする. さもないと装置を破損してしまう場合がある.

(6) 直流安定化電源の使用については「5.3 電気回路と計器」の説明を参照する.

測定

(配線と初期設定の確認)

(1) コンセントにプラグが差し込まれていないことを確かめた後 (もし接続されていればプラグを抜く), 測定器に書かれている実体配線図を見ながら配線を点検する. 配線されている端子のねじがゆるんでいないことも確認せよ. 配線に誤りがあれば, 教員, TA に報告する.

(2) 装置が次のように初期設定されていることを確認せよ. もし設定されていなければ修正する.
   (a) 電子の比電荷測定器のスイッチは OFF. VP.ADJ のつまみは左いっぱい.
   (b) 直流安定化電源のスイッチは OFF, すべてのつまみは左いっぱい.

(装置の始動)

(3) コンセントに測定装置のプラグを差し込む. 次に, 電子の比電荷測定器のスイッチ ON にして, 管球のヒーターが点火したことを確かめる. 点火しない場合には担当者に連絡する.

(4) 加速電源のスイッチは自動的に ON に入り, 電圧計は 100 V 程度を示し. 電子ビームは管壁に当たっているはずである. 電子ビームの長さが短い場合は VP.ADJ のつまみを右に回して電子ビームが伸びて管壁に当たるまで加速電圧を上げる. ただし, 300 V を超えないように注意する.

(5) コイルの直流安定化電源のスイッチを ON に入れ, 表示値を見ながら, 電流, 電圧つまみを調節して電流を増し, 電子ビームが円軌道を描くようにする. ただし, 2 A を超えないように注意する. さらに必要があれば, コイル電流と加速電圧を調節して軌道が見やすいようにする. 電子の運動から磁場はどちら向きか考察してみよ.

(観察 1: 電子の入射方向と軌道)

(6) 管球は前後に 90° 程度まで回転させることができる (図 8.2 参照). 管球の上端に軽く手を置き, 手前に引くか, 向こう側に押すようにして, 管球を回転する. 管球を回転して電子の射出方向を磁場に対して斜めあるいは平行にし, 電子ビームがどうなるかを観察, 記録せよ. らせん運動を観察するときには軌道半径を小さくするとよい.

(観察 2: 電子の速度, 磁場の強さと軌道)

(7) 管球を回転して, 再び円軌道を描くようにする.

(8) 加速電圧 V を一定にして, コイル電流 I を変えて磁場の強さを変化させ, 電子軌道の直径 $2r$ の変化を観察し, 記録せよ. たとえば, I を 1.3 倍に変化させたとき $2r$ はどの程度変化するか. 可能であれば便宜のため $2r$ の測定では, スケールの 0 目盛を円軌道の右端に一致するようにセットしておく.

(9) コイル電流 I(磁場の強さ) を一定にして, 加速電圧 V を変えて電子の速度を変化させ, 電子軌道の直径 $2r$ の変化を観察し, 記録せよ. たとえば, V を 30%程度変化させたとき $2r$ はどの程度変化するか.

(e/m の測定)

(10) 加速電圧 V を 280 V 程度とする. コイル電流 I を調節し, 直径を正確に測定できる範囲で, できるだけ大きい円軌道が得られるようにせよ. 多くのセットで 1.3 A 程度になる場合が多い. このときの $V, I, 2r$ の値を記録する.

さらに, I を一定に保ったまま V を下げて, 円軌道が観察される範囲で軌道半径をできるだけ小さくする. このときの $I, V, 2r$ の値を記録する.

$2r$ の値を正確に読み取るためには, 目盛板に**垂直**な方向から読み取らねばならない. そのため, 物差上の矢型の横幅を最小にする必要がある.

(11) コイル電流 I をそのままで固定し，さらに (10) で測定した最大，最小の加速電圧の間で適当な 3 つの加速電圧 V を選び，それぞれの場合の軌道直径 $2r$ を測定せよ．

(12) 実験が終わったら，次の順序で装置を初期設定の状態に戻す．
   (a) コイル電流，加速電圧を 0 に下げる．
   (b) コイル電源と加速電源のスイッチを切り，コンセントからプラグを抜く．

8.4　測定値の整理と計算

(8.2)，(8.4) 式から，電子の比電荷 e/m は

$$\frac{e}{m} = \left(\frac{5}{4}\right)^3 \frac{2R^2 V}{\mu_0{}^2 N^2 I^2 r^2} \tag{8.5}$$

と書ける．$\mu_0 = 4\pi \times 10^{-7}$ H/m，$R = 0.15$ m，$N = 130$ を代入すると

$$V = 3.04 \times 10^{-7} \frac{e}{m}(Ir)^2 \tag{8.6}$$

となる．したがって，理論的には V-$(Ir)^2$ の関係をグラフにプロットすると原点を通る直線になる．ところが測定精度の問題から，実験値から V-$(Ir)^2$ の関係をグラフにプロットすると原点を**通らない**直線になる．レポートでは (8.6) 式から，原点を通る理論直線 ($e/m = 1.75881962 \times 10^{11}$ C/kg を使え) をまず引く．次にデータ点のみを通る直線を引き，傾きを求める．さらにデータ点の他に原点を通る直線を引き，傾きを求める．考察として，理論・原点を通らない・原点を通る直線を引いたときの違いについて，実験技術の問題としてどのような原因が考えられるか，また原点を通る直線と通らない直線のどちらが実験として適当か考えよ．測定を通して疑問や不安がある場合はやり直さず教員，TA に相談せよ．

(1) 観測結果と (8.2)，(8.6) 式を比較して，一様な磁場中での電子の運動について考察する．
(2) 実験によって求めた V, I, r の値から V-$(Ir)^2$ の関係をグラフにプロットし，その直線の傾きから e/m の値を求める．このとき，座標軸，目盛，単位などを記入することを忘れないようにせよ．
(3) 得られた e/m の測定値を精密な値と比較せよ．

8.5　実験ノートの記録例

> 実験題目 $\cdots\cdots\cdots$
>   日時，協力者，実験セット番号，使用器具など

観察

  磁場の向き
  観察 1
  観察 2

e/m の測定

(1) 一定磁場における加速電圧と軌道半径の関係 (コイル電流 $I = \cdots\cdot$ A)

加速電圧 V(V)	軌道直径 $2r(10^{-2}$ m)	軌道半径 $r(10^{-2}$ m)	$(Ir)^2(10^{-3}$ A^2 m^2)
280	‥‥	‥‥	
250	‥‥	‥‥	

(2) V-$(Ir)^2$ のグラフ

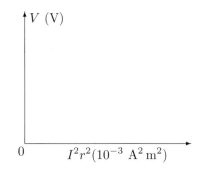

(グラフの傾き) $= \cdots\cdots$ V/(A^2 m^2)

(3) 電子の比電荷　　　　　$e/m = \cdots\cdots$ C/kg

考察のヒント

予習の際に，それぞれの項目をわかる範囲でかまわないので調査・考察し，実験のための準備をしよう．また，実験の際にはできる限りの工夫をして実際に計測してみよう．

- 実験で無視している要素を入れて考えてみよう.

　管球ヒーターから電子が飛び出すために必要な電圧はいくらだろうか．ヒーターから電子が飛び出した際の速度の分布はどうなっているだろうか．

[　　　　　　　　　　　　　　　　　　　　　　　　　　　　　　　　　　　　　　　]

電子が飛び出した後，管球内ガスに衝突することによる電子の減速はどのように考えられるだろうか．

[　　　　　　　　　　　　　　　　　　　　　　　　　　　　　　　　　　　　　　　]

地磁気の影響はどれくらいだろうか．方角とその磁場の強さから計算してみよう．

[　　　　　　　　　　　　　　　　　　　　　　　　　　　　　　　　　　　　　　　]

管球ガスに対しての気温や気圧の影響や，電子への重力の影響はどれくらいあるだろうか．

[　　　　　　　　　　　　　　　　　　　　　　　　　　　　　　　　　　　　　　　]

加速電圧やヘルムホルツコイルに流れる電流の表示の不確かさはどれくらいだろう．

[　　　　　　　　　　　　　　　　　　　　　　　　　　　　　　　　　　　　　　　]

管球内の磁場計算の不確かさやガラス・管球内の気体などが存在することによる磁場への影響を考えてみよう. [　　　　　　　　　　　　　　　　　　　　　　　　　　　　　　　]

- 個々人の実験技術に起因する不確かさについて考えてみよう.

電子が描く軌道を測定する際の，軌道の太さからくる不確かさはどのくらいだろうか．

[　　　　　　　　　　　　　　　　　　　　　　　　　　　　　　　　　　　　　　　]

目で見る角度が垂直でないこと (視差) による不確かさや定規自体の不確かさを考えよう.

[   ]

測定前に電子の飛び出す角度を垂直に調整できてないことによる不確かさはどれくらいだろうか.

[   ]

グラフに直線を引く際の傾き・切片の不確かさやグラフを読み取るときの不確かさはどれくらいだろうか.

[   ]

- 物理定数などの不確かさも考えてみよう.

  理科年表などに載っている比電荷はどのように, どのくらいの不確かさで測定されているのだろうか.

[   ]

  高速で動く電子に, 静磁場ではなくマクスウェル方程式や特殊相対論などの適用をする必要はないのだろうか. [   ]

8.6 参考

電子の比電荷

電子は非常に軽い素粒子であり, 質量は $9.10938188 \times 10^{-31}$ kg, 電荷は $-1.60217653 \times 10^{-19}$ C である. どちらも非常に小さい値でありながら, 比電荷 e/m は $1.75881962 \times 10^{11}$ C/kg と非常に大きな値になる (1 kg 分の電子と陽電子のかたまり 2 つが 1 m の間隔を開けて引き合う重力と電気力をそれぞれ計算してみよ). このため比較的簡単な装置で, 磁場中での, 素粒子の 1 つである電子の運動が肉眼で観測できるようになっている. 電子がはっきりとした円を描くのは電子の比電荷が一定だから, というのは理論と実験で観測したとおりであるが, 逆に電子の比電荷が一定であるということは, 電子がそれ以上分けられない素粒子であること, 電荷もそれ以上細かく分けられない素電荷であることの傍証となる. もし比電荷が一定という観測事実のまま電子が素粒子ではない, もしくは素電荷ではない場合どういう条件が必要か考えてみよ. 同様に, 素粒子や素電荷が存在せず, いくらでも細かく分割できる場合についても考えてみよ.

現代では素電荷がわかっていることから比電荷を測定しさえすれば原理的にはイオン化した原子や分子の質量も測定することが可能である. このように分子などの質量を同定する方法を質量分析と呼ぶ. 試料をイオン化する方法や分析する方法は様々で, この分野で 2002 年に田中耕一氏がノーベル化学賞を受賞したことは記憶に新しい. 現在では分子量 10000 以上の高分子でもイオン化し分子量を測定することができるようになり, 化学や生物学の進歩に大いに寄与している.

9 固体の比熱

9.1 課題

断熱法によって金属試料の比熱を測定する.

9.2 原理

質量 m, 温度 T の物体に ΔQ の熱量を加えて, 物体の温度が $T + \Delta T$ になるとき,

$$w = \lim_{\Delta T \to 0} \frac{\Delta Q}{\Delta T} \tag{9.1}$$

をその物体の (温度 T における) 熱容量といい, 単位質量 ($1\,\mathrm{g}$) あたりの熱容量

$$c = \frac{w}{m} \tag{9.2}$$

を比熱 (または比熱容量) という [また, $1\,\mathrm{mol}$ あたりの熱容量をモル比熱 (またはモル熱容量) という]. この実験では, ΔQ と ΔT を精密に測定して, 上の定義から c の値を求める.

試料の比熱の測定法

実験装置は, (i) 試料, ヒーターブロック, 断熱容器で構成された系と (ii) 温度や電流値などを測定する計器系に分けられる.

実際には試料だけを加熱することはできず, ヒーターブロックとともに加熱するので, 次のようにして試料の比熱を求める.

試料の熱容量を w_s, ヒーターブロックの熱容量を w_h とし, これら全体に熱量 ΔQ を与えたときに ΔT だけ温度が上昇したとすると,

$$\Delta Q = (w_\mathrm{s} + w_\mathrm{h})\,\Delta T = w_\mathrm{sh}\,\Delta T$$

ただし, $w_\mathrm{sh} = w_\mathrm{s} + w_\mathrm{h}$ とした. したがって, 試料の熱容量 w_s は

$$w_\mathrm{s} = w_\mathrm{sh} - w_\mathrm{h} = \frac{\Delta Q}{\Delta T} - w_\mathrm{h} \tag{9.3}$$

によって求められる. この実験では, 測定時間の短縮のために w_h の測定値は既知のものとして与える. ただし, ヒーターブロックのみの測定を行うことによって w_h を求めることはでき, 測定セットに表示されている w_h の値はそのようにして求められたものである.

熱容量の測定法

物体 (試料とヒーターブロック) の熱容量の測定は次の方法による. 図 9.1 で物体は外界から熱的に絶縁されている. ヒーターに電圧 V_H, 電流 I_H の直流電流を時間 Δt だけ流したとき, 物体の温度が ΔT だけ上昇したとする. 物体とヒーターに $\Delta Q = (I_\mathrm{H} V_\mathrm{H})\,\Delta t$ の熱量が加えられたのと同等であるから, 物体とヒーター全体の熱容量 w_sh は

$$w_\mathrm{sh} = \frac{(I_\mathrm{H} V_\mathrm{H})\,\Delta t}{\Delta T} \tag{9.4}$$

で求められる. だだし, w_sh は T と $T + \Delta T$ の間で一定と見なすことができるとした.

| 図 **9.1** 断熱状態にある物体とヒーター | 図 **9.2** 熱電対 |

物体の温度変化 ΔT を精密に測定するために，クロメル・アルメル熱電対を使用する．その構造は，図 9.2 のように，クロメル線 (Ni,Cr 合金) A とアルメル線 (Ni,Al,Mn,Si 合金) B の一端 (c) を溶接したものである．他端 (a,b) にはデジタル電圧計を接続する．

2 つの端点 a,b を同一温度 T_s (ここでは氷と水の共存の 0 °C) に保ち，溶接点 c を温度 T に保つと，a と b の間に電位差 V_T (熱起電力という) が生じ，この電位差から温度 T が求められる．広い温度範囲で電位差を温度に換算するには参考にあげた表を用いるが，この実験の温度範囲と精度では次の換算式を用いれば十分である．

$$T = \frac{V_T \, [\text{mV}]}{4.05 \times 10^{-2} \, \text{mV/°C}} \tag{9.5}$$

熱の逃げに対する補正法

上では物体は熱的に外界から絶縁されているとした．実際にはわずかな熱の逃げがある．一定の熱量を物体に加えても，温度上昇は加熱時間に厳密には比例しないし，加熱終了後も温度は一定のままではないから，これに対する補正を行う必要がある．そのために，図 9.3 に示すように，加熱終了後の温度変化を直線で近似し，その直線を外挿して，加熱時間 Δt の中央の点における温度上昇 ΔT を読み取り，(9.4) 式によって熱容量 w_{sh} を求める．

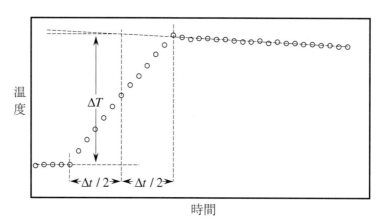

図 **9.3** 熱の逃げの補正法

9.3 実験

装置と器具

　金属試料とヒーターブロック (これらを分解してはならない)，発泡スチロール断熱容器，クロメル・アルメル熱電対，基準接点用デュワー瓶 (びん)，デジタル電圧計，直流電流計 (3 A)，直流電圧計 (テスター)，直流安定化電源，ストップウォッチ

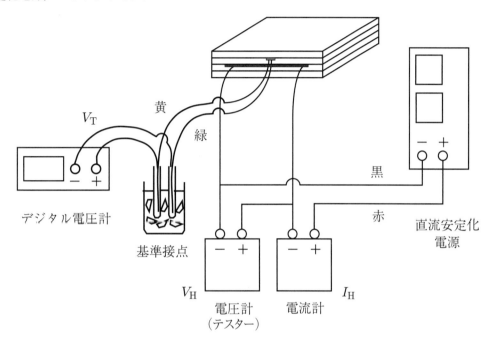

図 9.4　配線図 (結線済み)

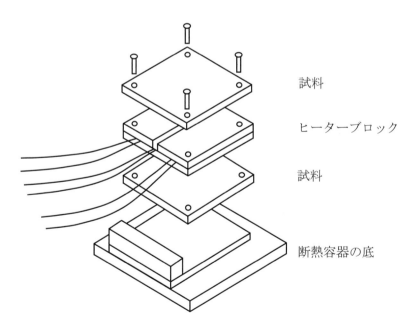

図 9.5　断熱容器中の試料とヒーターブロック

測定

　以下のすべての操作にわたって，試料とヒーターブロックに手が触れられないほど加熱してはならない．時間的余裕がないので，まずはじめに以下の (1) ～ (10) をよく読んでから行うこと．

(準備)
(1) 基準接点のための金属製デュワーびんに氷と水を入れ，熱電対の端 (原理 9.2 の説明の a,b 端) が細ガラス管の底に届いていることを確認せよ．デジタル電圧計のスイッチを入れ，電圧が表示されたら室温に相当する電圧を示していることを確認せよ．ほぼ一定値を示さない場合は断線しているので TA に報告する．
　　計器系は配線済みであり，図 9.4 のとおりである．直流安定化電源のつまみは調整済みである．2 つの CURRENT つまみが右いっぱい，VOLTAGE の FINE が左いっぱい，COARSE が右いっぱいになっていることを確認せよ．試料とヒーターブロックは図 9.5 のようにセットされており，断熱容器で覆ってある．
　　直流安定化電源のスイッチが OFF になっていることを確認し，プラグを電源ボックスに差し込む．以下 (4) の操作に入るまで直流安定化電源のスイッチを ON にしてはならない．
(2) 後の (4) ～ (5) で行うヒーターの電流と電圧の測定に誤りをなくすため，電流計は 1.5~2.5 A の範囲に対して，目盛の読み方をよく練習しておく．

表 9.1　測定の流れ図

(1) デジタル電圧計のチェック，電源のつまみ位置のチェック
↓
(2) 電流計，電圧計の読み方の練習

⇓

A の役割	B の役割	
(3) 時間 t の測定の開始	V_T の測定	一分おきの測定
↓		
(4) 加熱開始，t_i, I_H, V_H 測定	V_T の測定	
↓		
(5) t, I_H, V_H 測定	V_T の測定	
↓		
(6) 加熱終了，t_f の測定	V_T の測定	
↓		
(7) t の測定	V_T の測定	

（(3)～(6) の左に「加熱中」の注記）

⇓

(8) 試料の質量とヒーターブロックの熱容量の記録
↓
(9) 記録のチェック，直流安定化電源のプラグを抜く

(試料とヒーターブロックの熱容量の測定)
　以下 (3) ～ (7) までは A,B 2 人が分担して測定する．デュワーびんに氷を入れてからおよそ 20 分経過後に開始せよ．
(3) ストップウォッチを動かし始める．以降，測定終了までストップウォッチを止めてはならない．A はストップウォッチを見て，1 分おきに B に合図する．B は合図とともにデジタル電圧計の読み V_T を測

定し A に知らせる. A はノートに時間 t と V_T を記録する. 加熱せずに 4 回測定せよ.

(4) A は B に合図すると同時に, 直流安定化電源のスイッチを ON にしてヒーター回路に電流を流し, スイッチを入れた加熱開始時刻 t_i を読み取る. さらに, ヒーターの加熱電流 I_H とヒーターの両端の電圧 V_H を測定する. また, B はデジタル電圧計の表示値 V_T を読み取り, A に知らせる. A はノートに t_i, I_H, V_H, V_T を記録する. 加熱開始時刻 t_i は特に正確に (秒の単位まで) 読み取る.

(5) 以後 1 分おきに I_H, V_H, V_T を測定し, 時間 t とともに記録する. これを 11 回程度繰り返せ.

(6) (5) の測定終了後 1 分たったら, A は B に合図すると同時に直流安定化電源のスイッチを切り, 加熱終了時刻 t_f を読み取る. B はデジタル電圧計の読み V_T を測定し, A は t_f と V_T をノートに記録する. 加熱終了時刻 t_f は特に正確に (秒の単位まで) 読み取る.

(7) A は 1 分おきに B に合図を続けて, その都度 B は V_T を読み取る. 電源を切った後, さらに 20 回デジタル電圧計の読み V_T と時間 t の測定を続けよ.

(8) 測定セット付属のカードに記してある試料の質量 m とヒーターブロックの熱容量 w_h を記録する.

(9) 記録をチェックする. 直流安定化電源のプラグを抜く.

(10) 以上の測定は要領よく行う必要があるので, 上に述べた測定 (1) 〜 (9) の手順を表 9.1 の "流れ図" に示しておく.

9.4 測定値の整理と計算

以下の計算では, それぞれの物理量の単位を明記し, 値の計算と同時に単位の計算も行え. 不確かさは有効数字の考え方で取り扱ってよい.

(1) 試料とヒーターブロックに対する熱起電力 V_T の時間変化を表すグラフを図 9.6 を参考に描け. グラフの読み取りの不確かさが測定の不確かさより大きくならないように注意せよ.

(2) 図 9.6 に示すように, 加熱終了後の温度変化を直線で近似して加熱に要した時間の中点に外挿し, 温度上昇分に相当する ΔV_T をグラフから読み取る. 加熱終了直後には, 試料内部の温度が均一になっていない. したがって, 外挿直線を引くには加熱終了後 5 分以降のデータを用いる.

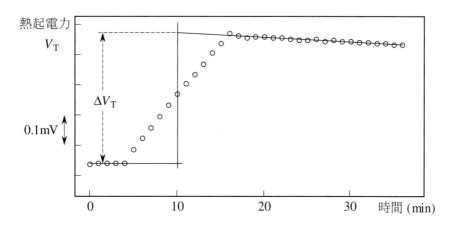

図 9.6　ΔV_T の外挿法による求め方

(3) 下の式を用いて, ΔV_T を温度の上昇 ΔT に換算する.

$$\Delta T = \frac{\Delta V_T \,[\mathrm{mV}]}{4.05 \times 10^{-2}\ \mathrm{mV/^\circ C}} \tag{9.6}$$

(4) 試料とヒーターブロックの熱容量を求める. このとき, $1\,\mathrm{V} \times 1\,\mathrm{A} = 1\,\mathrm{W} = 1\,\mathrm{J/s}$ に注意せよ. また,

温度差 1 °C は，絶対温度の温度差 1 K に等しい.

$$w_{\mathrm{sh}} = \frac{\langle I_{\mathrm{H}} V_{\mathrm{H}} \rangle \Delta t}{\Delta T} = \frac{\cdots \mathrm{A} \times \cdots \mathrm{V} \times \cdots \mathrm{s}}{\cdots \mathrm{K}} = \cdots \mathrm{J/K}$$

(9.7)

$$\Delta t = t_{\mathrm{f}} - t_{\mathrm{i}}$$

ここで $\langle I_{\mathrm{H}} V_{\mathrm{H}} \rangle$ はヒーターへの入力電力の時間についての平均値である.

(5) 試料の比熱を求める．ただし，測定温度範囲の計算には (9.5) 式を用いよ.

$$c = \frac{w_{\mathrm{sh}} - w_{\mathrm{h}}}{m} = \frac{\cdots \mathrm{J/K} - \cdots \mathrm{J/K}}{\cdots \mathrm{g}} = \cdots \mathrm{J/(K \cdot g)}$$

測定した温度範囲 (　) 〜 (　) °C

試料がアルミニウムであるとして，**参考**に示した比熱の値と測定値とを比較してみよう．表に 2 つの温度における比熱の値が与えられている場合は，その間を 1 次式で近似して，測定温度における値を推定せよ.

9.5　実験ノートの記録例

(1) 測定結果

試料とヒーターブロックの加熱データ

時刻 (min s)		V_{T} (mV)	I_{H} (A)	V_{H} (V)	$I_{\mathrm{H}} V_{\mathrm{H}}$ (W)
0	0				
1					
2					
3					
4					
5					
6					
7					
…					
…			平均 $\langle I_{\mathrm{H}} V_{\mathrm{H}} \rangle =$		
…					

加熱開始時刻 $t_{\mathrm{i}} = \cdots \mathrm{min} \cdots \mathrm{s}$,　終了時刻 $t_{\mathrm{f}} = \cdots \mathrm{min} \cdots \mathrm{s}$
加熱時間 $\Delta t = \cdots \mathrm{s}$
試料の質量 $m = \cdots \mathrm{g}$
ヒーターブロックの熱容量 $w_{\mathrm{h}} = \cdots \mathrm{J/K}$

(2) 熱起電力 V_T の時間変化を表すグラフ (グラフに表題を書くこと)

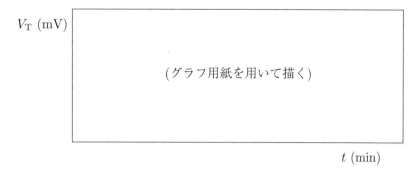

V_T (mV)

(グラフ用紙を用いて描く)

t (min)

試料とヒーターブロックに対する温度上昇分に相当する ΔV_T の読み取り値

$$\Delta V_T = \cdots \cdot \text{mV}$$

(3) 温度の上昇

$$\Delta T = \frac{\Delta V_T}{4.05 \times 10^{-2}\ \text{mV/}^\circ\text{C}} = \frac{\cdots \cdot\ \text{mV}}{4.05 \times 10^{-2}\ \text{mV/}^\circ\text{C}} = \cdots \cdot\ {}^\circ\text{C}$$

(4) 試料とヒーターブロックの熱容量

$$w_\text{sh} = \frac{\langle I_H V_H \rangle \Delta t}{\Delta T} = \frac{\cdots \cdot \text{A} \times \cdots \cdot \text{V} \times \cdots \cdot \text{s}}{\cdots \cdot \text{K}} = \cdots \cdot\ \text{J/K}$$

(5) 試料の比熱

$$c = \frac{w_\text{sh} - w_\text{h}}{m} = \frac{\cdots \cdot \text{J/K} - \cdots \cdot \text{J/K}}{\cdots \cdot \text{g}} = \cdots \cdot\ \text{J/(K} \cdot \text{g)}$$

(6) 討論　　　　　　　　　　　　　　　　　　　　　　　測定した温度範囲 (　　) ～ (　　)°C
モル比熱, 定数表の値との比較など

次週提出レポートの書き方　教員, TA そしてこの実験をしていない学生が見て十分にわかりやすいよう, 自分がどのような方法で実験を行い, どのようなデータがとれ, その結果どうなったかを記入する. 教員, TA が同じ実験を再現できるように気をつける. また結果からどのようなことがいえるか, 実験手法は適切であったか, どのようなことに気をつけるべきか, また比熱について調べたことなどを考察として記入する. 採点では, 上記の体裁がすべて整っていること, 考察でこの実験についてよく理解できたか, 深く掘り下げて考えることができたかが評価対象となる.

(1) 実験の目的, 実験の原理をわかりやすく記入する.
(2) 当日の実験の条件, 手法や気をつけたことを記入する.
(3) 実際に取得した実験データを見やすいようにまとめる.
(4) グラフをグラフ用紙に作成する. 題名, 縦・横軸の単位, 全体のスケールに気をつける.
(5) 実験データを, 計算の過程を省略せずに加工し, 熱容量や試料の比熱などを求め, 実験結果とする.
(6) 考察・討論として, 求まった比熱の値の評価, データの不確かさの評価と原因, 測定でどのような点を工夫すべきか, 比熱について調査したことなどを, 深く掘り下げて記入する.

考察のヒント

　予習の際に, それぞれの項目をわかる範囲でかまわないので調査・考察し, 実験のための準備をしよう. また, 実験の際にはできる限りの工夫をして実際に計測してみよう.

- 実験で無視している要素を考慮してみよう.

  熱電対での温度計測にまつわる不確かさはどのくらいだろうか.

  [   ]

  ヒーターがアルミニウムブロックを暖めた後，熱電対へ熱が伝わるまでの時間差はどのくらい影響が
  あるだろうか. [   ]

  アルミニウムブロックの内部の温度のむらは考慮する必要があるだろうか，またそれはどのくらい影
  響があるだろうか. [   ]

  熱の逃げに対する補正方法は実験の中で考慮されているが，本当は温度によって熱の逃げは変わる.
  これによる比熱の不確かさはどのくらいになるだろうか.

  [   ]

  基準接点での温度は本当に $0.0\,^{\circ}\mathrm{C}$ だったか. 不確かさがあるとしたらどのくらいか，どれくらい影
  響があるか. [   ]

  時間がたつにつれて気温は変化するが，これによる比熱への影響はどのくらいだろうか.

  [   ]

- 個々人の実験技術に起因する不確かさについて考えてみよう.

  ストップウォッチで時間を決めて温度測定する際の時間測定にまつわる不確かさはどのくらいあるだ
  ろうか. [   ]

  熱の逃げに対して補正する際に直線近似を行うが，外挿する際の個人にまつわる不確かさはどのくら
  いあるだろうか. 最小 2 乗法を使うのが適切だろうか？

  [   ]

- 物理定数などの不確かさも考えてみよう.

  クロメル・アルメル熱電対による温度測定の換算式はどのくらい正確なのだろうか.

  [   ]

  金属や非金属の比熱を測定する方法にはどのようなものがあるのだろうか. 今回の測定方法と何が異
  なるか. [   ]

  物質の比熱は物理的・微視的にどのようなメカニズムで決まっているだろうか.

  [   ]

  比熱は温度によって異なるだろうか？ どのような物質では比熱が一定，もしくは変化すると予想で
  きるか. [   ]

  同じ物質でも気体・液体・固体で比熱にはどのような違いがあるか. 比熱の精密な測定にはどのよう
  な科学的意義があるか考察しよう.

  [   ]

9.6 参考

比熱をはじめとした熱力学は，歴史的に工学的な実用が理論を先導した例ともいえる. 学問的な歴史と
してはフロギストン説，カロリック説，分子運動説と発展しその後，熱力学が構成されたが，それと同時
期に蒸気機関や内燃機関 (ジェットエンジンやガソリンエンジン，ディーゼルエンジンなど) が技術者たち

によってエネルギーの効率的な利用を求めて経験的に開発されていった．そして熱力学は，他の物理学の分野から独立した完全な公理系をなしている．このような経緯もあって，熱力学の基本法則から導かれる事実については一般によく知られているものが多い．たとえば永久機関を作ることはできないとか，エントロピーは増大するなどである．このような公理系の美しさは多くの科学者を魅了している．たとえばアインシュタインは熱力学について次のように語っている；

> 見事な理論ほど前提が単純で，多様な事物にあてはまり，応用範囲が広い．それゆえ私は，古典的な熱力学に深い感銘を受けた．それは，普遍的内容をもつ物理理論として唯一，その基本概念を適用できる枠内では決して覆されないだろうと私が確信するものだ．

　静的な熱力学だけでなく，熱伝導についても定式化がなされている．熱伝導方程式はエンジンから気候予測まで，多くの工学的な応用に用いられるが，現代の金融工学でオプション価格を求める際に用いられる基本的な方程式であり中心的な役割をもつブラック・ショールズ方程式も，熱の伝わり方から類推して，熱伝導方程式をもとに構築されている．

比熱の値の例　(国立天文台編，理科年表 平成 10 年 1998，丸善)

物質	比熱 $(J/(K \cdot g))$	モル比熱 $(J/(K \cdot mol))$	原子量
アルミニウム (25 ℃)	0.9021	24.34	26.981538
アルミニウム (126.85 ℃)	0.949	25.6	
銅 (25 ℃)	0.3851	24.47	63.546
鉄 (25 ℃)	0.4518	25.23	55.845

クロメル・アルメル熱電対の起電力表　(国立天文台編，理科年表 平成 10 年 1998,丸善)

(基準接点 0 ℃)　[単位 mV]

T [℃]	0	10	20	30	40	50	60	70	80	90	100
−200	−5.891	−6.035	−6.158	−6.262	−6.344	−6.404	−6.441	−6.458			
−100	−3.553	−3.852	−4.138	−4.410	−4.669	−4.912	−5.141	−5.354	−5.550	−5.730	−5.891
(−)0	0.000	−0.392	−0.777	−1.156	−1.527	−1.889	−2.243	−2.586	−2.920	−3.242	−3.553
(+)0	0.000	0.397	0.798	1.203	1.611	2.022	2.436	2.850	3.266	3.681	4.095
100	4.095	4.508	4.919	5.327	5.733	6.137	6.539	6.939	7.338	7.737	8.137
200	8.137	8.537	8.938	9.341	9.745	10.151	10.560	10.969	11.381	11.793	12.207
300	12.207	12.623	13.039	13.456	13.874	14.292	14.712	15.132	15.552	15.974	16.395

この表は，たとえば縦行 100，横列 70 の値が 6.939 であることは $V(T, T_s) = V(170, 0) = 6.939$ mV であることを示す．

10　回折格子による光の波長測定

10.1　課題

　回折格子を用いてカドミウムの線スペクトル光の波長を測定する．このような可視光の波長は数百 nm (nm = 10^{-9} m) と非常に短いが，この実験のような道具立てをすることにより 1 nm 程度の不確かさで波長を測定することができる．各自，どれくらいの不確かさで測定できるか，試してもらいたい．

10.2　原理

　回折格子 (grating) は，種々の波長が混ざりあった光を分光し，波長ごとに分ける光学素子である．回折格子には反射型と透過型とがあり，この実験では透過型回折格子を使用する．回折格子は平行平面のガラスに 1mm あたり数 100 本の細い平行な等間隔の線を刻み込んだもので，原理的にはその刻線部分は光を通さず，刻線と刻線の間の格子スリットが光を通す役目をしている．図 10.1 に示すように等間隔に並んだ格子スリットと格子スリットの間の距離 d を回折格子の格子定数という．

　いま，回折格子に直角に平行な単色光線 (波長 λ) を入射し，十分遠くにあるスクリーン上の光の強度分布を観察する．光は各格子スリットで回折され，そこから光の要素波が送り出され，相互に干渉しあうことになる．それらのうち，図のように入射方向と角度 θ (回折角という) の方向に進む光線群を考えよう．格子定数を d とすると回折角 θ が

$$d \sin\theta = m\lambda \quad (m = 0, \pm 1, \pm 2, \cdots) \tag{10.1}$$

の条件を満足するとき，各格子スリットからの光は，ちょうど波長の整数倍の光路差があるので，干渉により光が強めあい，その方向に回折した光が輝線として観察される．実際の測定では，輝線はコリメータの先に付けられているスリットと同じ形に見える．(10.1) 式は m の値に応じて，同じ波長の光に対しても，$\sin\theta = 0,\ \pm\dfrac{\lambda}{d},\ \pm 2\dfrac{\lambda}{d},\ \cdots$ に対応する回折角 θ の方向に何本かの輝線を生じることを意味する．

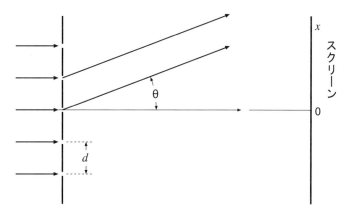

図 10.1　回折格子の原理図

　ここで光源として使用するカドミウム・ランプは，カドミウム原子固有の線スペクトルを発光する光源で，明るく見える輝線としては赤・緑・青・青紫・(弱い紫) の 4～5 本がある (ただし，色の見え方は個人差があるのでこのように見えない場合がある)．カドミウム原子の光が回折格子で回折された結果は図 10.2 のように観測される．$m = 0,\ \pm 1,\ \pm 2,\ \cdots$ に対応する輝線の集まりを 0 次，± 1 次，± 2 次，$\cdots$ のスペクトルという．(10.1) 式は

$$\lambda = \frac{d}{m} \sin\theta \tag{10.2}$$

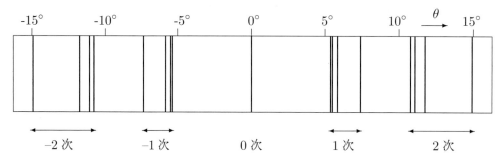

図 **10.2** 回折格子によるカドミウム光の輝線 ($d = \dfrac{1}{400}$ mm 回折格子の例)

と表すこともできる．したがって，格子定数 d の値を与えれば，± 1 次，± 2 次などのスペクトル中の輝線の回折角 θ を分光計で測定することによって，カドミウムの線スペクトルの波長 λ を求めることができる．また，波長の不確かさ $\delta\lambda$ は，格子定数 d とその不確かさ δd，θ とその不確かさ $\delta\theta$ の値から評価することができる．間接測定の不確かさの公式 (4.10) 式 (p.11) および $d = 1/n$ として

$$\delta\lambda = \sqrt{\left(\frac{\sin\theta}{m}\delta d\right)^2 + \left(\frac{d}{m}\cos\theta\ \delta\theta\right)^2}, \quad \delta d = \sqrt{\left(-\frac{1}{n^2}\right)^2 \delta n^2} \tag{10.3}$$

となる．ただし，(10.3) 式では $\delta\theta$ の値をラジアン (rad) 単位で，d をメートル (m) に直して与えなければならない．

10.3 実験

装置と器具

分光計，回折格子，カドミウム・ランプと起動装置，電気スタンド

実験における注意

(1) 回折格子：高価であり，傷がつくと使用できないので注意深く取り扱うこと．誤って落とさないように注意し，使用しないときは，机の中央部に置く．また，格子面に触れないように必ず金属枠の部分を持って扱う．万一，格子面に触れて汚した場合でも，布や紙などでふいてはいけない．このときは，教員に申し出よ．

(2) 分光計：分光計の大部分は調整済みなので，テキストを読まずに調節ねじを動かしてはならない．特に，シールなどで示す箇所は調整済みなので触れないこと (分光計の調節ねじなどの記号は図 10.3，図 10.4 に従う)．
角度が狂う原因になるので，望遠鏡の筒を持って動かしてはならない．必ず図 10.3 で示される腕 (I) の部分を持って動かす．

分光計の調整

(1) 図 10.3，図 10.4 のように，分光計は，入射光の幅を調整するスリット，入射光を平行にするコリメータ，回折格子をのせる台，回折光を見る望遠鏡，測角器からなっている．

(2) スリットから出た光は，コリメータによって平行光線になり，回折格子に入射して回折される．この回折光を無限遠にピントを合わせた望遠鏡で観測する．そのためには，

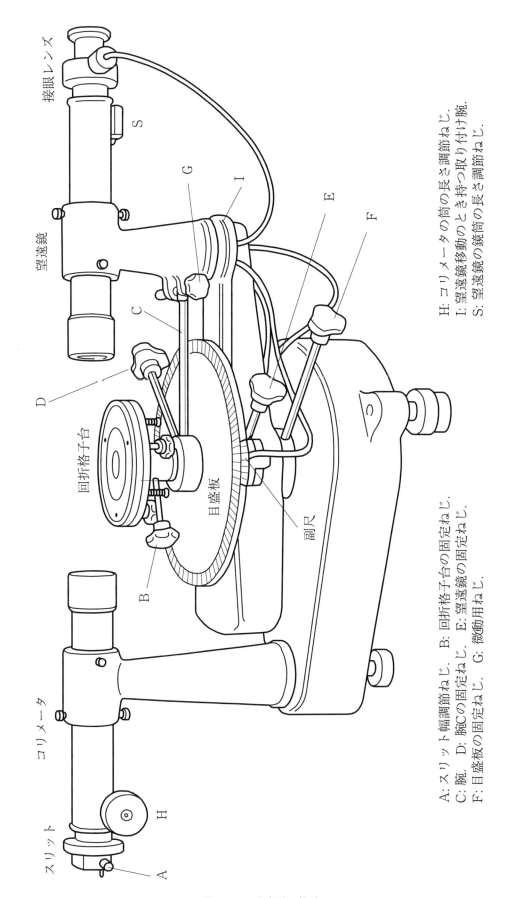

接眼レンズ

望遠鏡

スリット

コリメータ

回折格子台

目盛板

副尺

A: スリット幅調節ねじ．　B: 回折格子台の固定ねじ．
C: 腕．　D: 腕Cの固定ねじ．　E: 望遠鏡の固定ねじ．
F: 目盛板の固定ねじ．　G: 微動用ねじ．

H: コリメータの筒の長さ調節ねじ．
I: 望遠鏡移動のとき持つ取り付け腕．
S: 望遠鏡の鏡筒の長さ調節ねじ．

図 **10.3**　分光計の構造

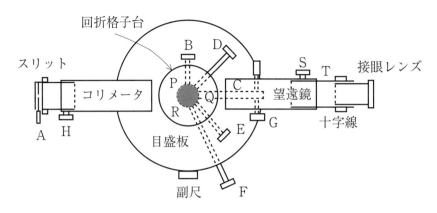

図 10.4 分光計の略図

A: スリット幅調節ねじ　B: 回折格子台の固定ねじ　C: 腕　D: 腕 C の固定ねじ E: 望遠鏡の固定ねじ
F: 目盛板の固定ねじ　G: 微動用ねじ　H: コリメータ筒の長さ調節ねじ　P,Q,R: 回折格子台の傾き調節ねじ
S: 望遠鏡の鏡筒の長さ調節ねじ　T: 望遠鏡の鏡筒 (長さ調節部分)

(a) 望遠鏡の光軸を望遠鏡の回転軸に垂直にする.
(b) コリメータからの光を平行光線にするようにコリメータの筒の長さを調節する. すなわち, スリットの位置をコリメータのレンズ系の焦点面に合わせる.
(c) 望遠鏡のピントを平行光線に (すなわち無限遠に) 合わせる.

のように調整することが必要であるが, このうち (a), (b) はすでに調整済みである. 実験における分光計の調整は, (c) の望遠鏡のピントを無限遠 (ここではスリット) に合わせることだけを行う.

測定

(カドミウム・ランプの起動)

(1) 分光計のプラグを電源箱に差し込み, スイッチを入れて, 望遠鏡の視野を照明する.

(2) 利き目で望遠鏡を覗いて, 視野の中 (図 10.5 参照) の十字線が鮮明に見えるように, 接眼レンズを出し入れして調節する. この時点では, カドミウム・ランプの電源は入れない.

(3) カドミウム・ランプを点灯する. ランプの起動装置の電源スイッチを入れ, その隣のスターターボタンを押し続け, ランプのフィラメントが赤くなるのを確かめて, ボタンを放す. カドミウム・ランプが明るくなるのに 5〜10 分程度かかる.

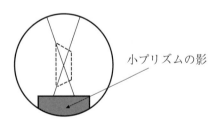

図 10.5　望遠鏡の視野 (十字線とスリット像の見え方)

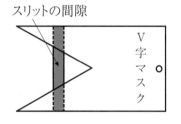

図 10.6　V 字のマスクの位置

(望遠鏡のピントを無限遠に合わせる)

(4) スリット幅調節ねじ A でコリメータのスリット幅を 0.5 mm 以下にする. スリットの長さが 10 mm 以下になるように, 前にある V 字のマスクを移動する (図 10.6).

(5) カドミウム・ランプの光がスリットを照らしていることを確認する. (8) の (b) にある (望遠鏡の角度の合わせ方) をよく読んだ後, 望遠鏡を移動させて, コリメータのスリット像を見よ. 望遠鏡の鏡筒の

長さ調節ねじ S で鏡筒の長さを調節して，コリメータのスリット像のエッジが鮮明に見えるようにする．さらに，「視差」がないように，望遠鏡の鏡筒調節ねじ S で鏡筒の長さを微調節する．このとき，必要があれば十字線に対する接眼レンズのピントを修正する．

「視差」とは，十字線の位置と望遠鏡の対物レンズによるスリット像面の位置との差のことである．視差があるときには，十字線とスリット像が同じ平面内にないので，接眼レンズを覗きながら目を左右に動かすと，十字線とスリット像の位置が相対的に動く．そのずれをなくすように望遠鏡の鏡筒調節ねじ S を微調節する．

(6) スリット像の上下の中心がほぼ望遠鏡の上下の中心にきていることを確かめる (図 10.5)．明らかにずれているときは教員に申し出ること．

(7) 望遠鏡を覗きながら，コリメータのスリット幅をできる限り細くする．

(8) 再度，視差がないように，望遠鏡の鏡筒調節ねじ S で鏡筒の長さを微調節する．

以上で，望遠鏡を無限遠にピントを合わせることができた．以後，望遠鏡のこの調節ねじ S を動かしてはならない．

輝線の角度測定上の注意

(a) (角度目盛の読み方) 副尺の 0 目盛の位置の，主尺の目盛板の角度目盛を読む．主尺の目盛板の最小目盛は $30'$ であるから，$\cdots°0'$ あるいは $\cdots°30'$ と読む．次に，副尺と主尺の目盛板の目盛が一致するところを探して，その副尺の値を $\cdots'$ と読み，目盛板の読みに加える．たとえば，図 10.7 の場合，主尺の目盛板の読みは，$20°0'$ と読む．次に副尺の読みは $18'$ と読み，角度の値は $20°18'$ となる．副尺の読みは $0'$ から $30'$ の範囲の値しかとらないことに注意せよ．

(b) (望遠鏡の角度の合わせ方) 望遠鏡の取り付け腕 I を持って望遠鏡を動かし，目的のスペクトル線を望遠鏡の視野にとらえる．望遠鏡の十字線をそのスペクトル線に一致させるために，次のようにして望遠鏡を微動させる．

望遠鏡の腕の固定ねじ D を締めると，微動ねじ G によって微動が可能になり，望遠鏡を目的の位置に合わせやすくなる．**角度の読みが終わったらすぐ望遠鏡の固定ねじ D をゆるめる．もし，固定ねじ D を締めたまま望遠鏡を動かすと回折格子台や目盛板が動き，それまでのデータがすべて無効になる．**

(9) 回折格子を図 10.8 のように，格子面をコリメータからの入射光の方向とできる限り垂直となるように置く．このとき，回折格子の黄色のマークが手前になるようにすること．

(10) この実験に用いられている回折格子の格子定数は $d = \dfrac{1}{600.0}$ mm である．可視光の波長帯は 400 から 700 nm 位であるので，(10.1) 式から $m = \pm1$ に対する θ の範囲を計算しておく．これは，測定の一方が 1 次，もう一方が 2 次のスペクトルを観測するといった誤りを防ぐためである (nm はナノメートルと読み，$1\,\text{nm} = 10^{-9}$ m のことである．詳しくは付録 A 「単位，記号」を参照せよ)．

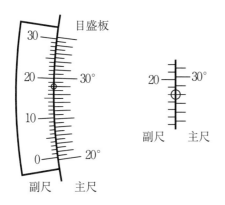

図 10.7 主尺と副尺の目盛の読み方

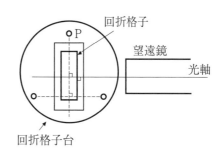

図 10.8 回折格子の置き方

(±1 次のスペクトル ($m = \pm 1$) の輝線の角度測定)

(11) 回折格子を通して見えるコリメータから直進した光の
スリット像が，0 次の回折像である．この 0 次の回折像
だけは光源と同じ色で見える．回折スペクトルは，図
10.9 のように，I, II, III, IV の方向に見える．±2 次
のスペクトルは I と IV の方向に見える．II と III の方
向に見えるのが今回の実験で求める ±1 次のスペクト
ルである．スペクトル中のどの輝線もそれぞれ固有の
色をもっている．望遠鏡でカドミウムの 1 次の輝線が，
赤・緑・青・青紫・(弱い紫) の 4〜5 本の輝線からなる
ことを観察し確かめる．以下，弱い紫を除く明るい 4

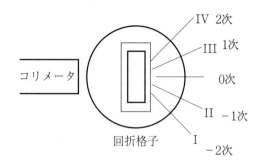

図 10.9　スペクトルの見える方向と名称

本の輝線 (赤・緑・青・青紫) を測定の対象とする．輝線相互の位置関係は，赤の輝線だけが離れ，緑・
青・青紫の輝線はこの順に並び 3 本が同時に望遠鏡の視野に入る程度に離れている (図 10.2)．よくわ
からない場合は，位置関係で判断するか，教員，TA に相談すること．
黄色などの弱い輝線が見えることもあるが，ランプの起動を早くする不純物の混入によるもので，カ
ドミウム固有のスペクトル輝線ではない．

(12) 回折格子台の調節ねじ P を使用して，+1 次と −1 次のスペクトル線が，上下の同じ高さにくるよう
に調節する．

(13) 0 次のスペクトル，およびその左右 4 本ずつの ±1 次スペクトル線，計 9 本の回折スペクトル線の位
置に，次々と望遠鏡の十字線を一致させて，そのときの望遠鏡の目盛板に対する位置を読み取る．こ
のとき，望遠鏡は，左から右，あるいは右から左へと一方向に移動して測定する．

(14) ±1 次の各輝線の角度の測定結果は，「10.5 実験ノートの記録例」の表 10.1 のような表形式にして，測
定が終わるごとにノートに記録する．+1 次と −1 次のスペクトル線の角度差は回折角の 2 倍である．
各輝線の回折角 θ の値を計算して書き込む．

10.4　測定値の整理と計算

(1) 装置のセット No. と回折格子の No. を記録せよ．

(2) 表 10.1 の回折角の値を，表 10.2 に写す (10.5 実験ノートの記録例 を参照)．

(3) 回折格子の格子定数は $d = \dfrac{1}{600.0}$ mm とし，(10.2) 式からカドミウムの輝線スペクトルの波長を求め
て，表 10.2 を完成させる．ちなみに $30'$ 読み間違えると測定値に約 $15\,\mathrm{nm}$ の違いがでる．

(4) (レポートの作成) 指定のレポート用紙に実験データと波長の計算値，この実験に対する考察 (または
指定された問題の解答) を記入し，提出せよ．

問 1　$\delta\theta = 3'$ として，赤の線スペクトルの波長の不確かさを評価せよ．波長の不確かさ $\delta\lambda$ は，格子定数
d とその不確かさ $\delta d\left(= \dfrac{0.5}{600.0}d\,\text{とせよ}\right)$，回折角 θ とその不確かさ $\delta\theta$ の値から (10.3) 式を用いて計算
する．

問 2　回折格子と入射光が垂直から少しずれている場合，1 次と −1 次の回折の方向はどのようになるか．

10.5 実験ノートの記録例

実験題目 ‥‥‥‥‥
　　日時，協力者，実験セット番号，使用器具など

0 次のスペクトルの角度の読み　$\theta_0 = $ ＿＿＿° ＿＿＿′

表 10.1　1 次のスペクトルの測定データ

	赤	緑	青	青紫
+1 次の角度の読み θ_1	° ′			
−1 次の角度の読み θ_{-1}				
±1 次の角度差 $2\theta = \lvert \theta_1 - \theta_{-1} \rvert$				
回折角の値 $\theta = \dfrac{1}{2} \cdot 2\theta$				

表 10.2　カドミウムの線スペクトルの波長

	θ	$\lambda(\mathrm{nm})$
赤	° ′	
緑		
青		
青紫		

考察のヒント

予習の際に，それぞれの項目をわかる範囲でかまわないので調査・考察し，実験のための準備をしよう．また，実験の際にはできる限りの工夫をして実際に計測してみよう．

- 実験で無視している要素を考慮してみよう．

　回折格子の格子定数 (格子間隔) の不確かさの影響はどのくらいだろうか．また格子の太さそれ自体はどうだろうか．[　　　　　　　　　　　　　　　　　　　　　　　　　　　　　　　　　　　　　]

　角度測定での実験装置の不確かさはどのくらいだろうか．結果への影響はどうだろう．

　[　　]

　実験室内の微小な振動などの影響はどのくらいだろうか．

　[　　]

　ランプや回折格子，分光計に気温や気圧，湿度などの影響はあるのだろうか．

　[　　]

　外部から太陽光や蛍光灯光，LED 光が入射している影響はどのくらいになるだろうか．

　[　　]

- 個々人の実験技術に起因する不確かさについて考えてみよう．

　そもそも，グループ 2 人による測定結果の違いはどのくらいあるだろうか．

　[　　]

目の視差による輝線の見え方の違いはどのくらいあるだろうか. スリット調節による輝線の太さで, どのくらい角度測定に影響があるだろうか.

[   ]

回折格子を誤って斜め (3 方向の斜めがある) に置いた場合, どのくらいの影響があるだろうか.

[   ]

- 物理定数などの測定の不確かさや発展的な課題も考えてみよう.

今回の実験では, なぜ輝線の波長によって光量が異なる (ように見える) のだろうか.

[   ]

カドミウム球が十分に安定するまで, また時間が経過するにつれて輝線の波長は変化しないのだろうか. [   ]

光の経路や光速度, 波長に重力の影響はないのだろうか.

[   ]

テキストにあった模式図ではなく, 回折格子の本当の構造を調べてみよう.

[   ]

プリズムによる場合と回折格子による場合の分光測定のメリット・デメリットを考えてみよう.

[   ]

10.6 参考

回折格子などを使って, ある物質の発する光の波長を分析 (しその物質を同定) することを分光と呼ぶ. 比較的シンプルな道具立てで, 可視光の波長 数百 nm を 1 nm 程度の精度での測定ができることに, 諸君は驚くであろう. 回折格子の原理はテキストに載っているとおりであるが, 身近な例として CD が日光や室内光に当てたときに虹色に光ることや, ラッピングで使われるフィルムで虹色に輝くものがあることなどである. これらにレーザーポインターで光を照射すると回折像が見えるかもしれない.

回折格子を使った光の回折の原理を用いたものとして, 電子顕微鏡がある. 電子は波動の性質をもつことから, 電子顕微鏡では電子を物質に当ててその凹凸による回折像を電子レンズで逆変換し物体の画像を得ている. 電子の波長は 25 kV で加速したときに 0.0077 nm であり, 電子顕微鏡としたときの分解能もその程度である. たとえば原子のサイズである 0.01 nm (10^{-10} m) ほどの配列の様子も観測することができる. 可視光の波長は 400 nm 以上なので, それ以下のものは光学顕微鏡では見えない.

回折格子による分光で, 原子の輝線スペクトラムを分析することによりその物質がどのような原子から構成されているかがわかる. これは原子の励起エネルギーが飛び飛びになっている証拠であり, 量子力学的な効果である. 今回の実験ではカドミウムランプを使ったが, これはいろんな色のスペクトラムが見えるというのが大きな理由で, たとえば蛍光灯などでも分光することができる. もちろん, 目に見えない紫外・赤外領域にも輝線スペクトラムは広がっている.

原子の放出する光の波長は常に決まっているので, 特徴的な原子の輝線を観測することにより様々なことがわかる. たとえば宇宙に大量に存在している水素からの輝線スペクトラムが地球から遠いものほど一律に赤側にずれていること (赤方偏移) から, 光が到達するまでに空間が伸びて波長が引き伸ばされている, つまり宇宙が膨張していることが確認された.

11　放射能の測定

11.1　課題

　放射性同位元素 $^{90}_{38}\mathrm{Sr}$(ストロンチウム)，$^{90}_{39}\mathrm{Y}$(イットリウム) を含む放射線源から放出される β 線をガイガー・ミュラー計数管を用いて測定し，放射線源の放射能の強さを求める．また，計数値の統計的変動についても観察する．同時に放射能に関する基礎知識，放射能の測定方法を修得する．

11.2　原理

β 崩壊と放射能

　放射性同位元素 $^{90}_{38}\mathrm{Sr}$ の原子核は，β 崩壊して β 線 (高速の電子) を放出し，$^{90}_{39}\mathrm{Y}$ 原子核に変換する．この β 崩壊の半減期は 28.8 年 (y) である．$^{90}_{39}\mathrm{Y}$ はさらに半減期 64 時間 (h) で崩壊して，安定な原子核 $^{90}_{40}\mathrm{Zr}$ に変換する．すなわち，

$$^{90}_{38}\mathrm{Sr} \longrightarrow {}^{90}_{39}\mathrm{Y} + \mathrm{e}^- \tag{11.1}$$

$$^{90}_{39}\mathrm{Y} \longrightarrow {}^{90}_{40}\mathrm{Zr} + \mathrm{e}^-. \tag{11.2}$$

ここで，e^- は電子を表す記号である．この崩壊過程では，(11.1) の半減期が (11.2) の半減期と比べて非常に長いので，生成された $^{90}_{39}\mathrm{Y}$ はすぐに $^{90}_{40}\mathrm{Zr}$ に崩壊してしまうと考えてよい．このような場合には，$^{90}_{38}\mathrm{Sr}$ と $^{90}_{39}\mathrm{Y}$ の放射能の強さは等しくなる．この状態を放射平衡という．

GM 計数管による β 線の計測

　放射線を検出，計測するには，放射線の種類，エネルギーに適合したいろいろな計数装置が用いられる．ガイガー・ミュラー計数管 (GM 計数管) は手軽な検出器として広く用いられるものの 1 つである．GM 計数管は，円筒形の陰極とその中心軸上に張られた金属線 (タングステン) の陽極をもつ．電極間には 1000 V 程度の電圧をかける．円筒の一方の端は放射線が入射するための薄い雲母の窓である (図 11.1)．GM 計数管内部には不活性ガスと有機ガスの混合気体が詰められている．放射線粒子 1 個が窓を通過して GM 計数管に入射すると，ガスをイオン化して放電が起こる．この電流信号を増幅して入射粒子の個数を数える．β 線の計数効率は 100% であり，計数値は入射した β 線の個数に等しい．

放射線源の放射能の測定

　放射線源の放射能の強さは，一般に，1 秒間 [s] に崩壊する原子核の個数で定義され，その単位をベクレル [Bq] で表す．β 崩壊で 1 秒間に放出される β 線の個数が $A[\mathrm{s}^{-1}]$ であれば，線源の放射能の強さは A ベクレル [Bq] となる．線源から放出される β 線のうちには，幾何学的に計数管の窓に入射しないもの，途中で吸収されるものがあるので，実際に GM 計数管で計測される β 線は，その一部である．線源から放出される β 線粒子の個数を $A[\mathrm{s}^{-1}]$ とすれば，

(1) (幾何学的補正) 線源からあらゆる方向に放出される β 線のうち，線源と GM 計数管の窓の幾何学的な条件によって決まる GM 計数管の窓に入射する β 線の割合 G

(2) (吸収補正) 線源と GM 計数管の間の物質中で一部吸収された後，透過して GM 計数管に入射する β 線の割合 F_{a}

(3) (自然計数) 自然放射線の計数値 n_{B}

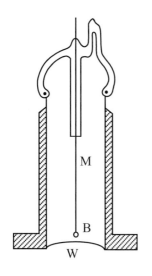

図 11.1 GM 計数管の構造
M：中心線，B：ガラス小球，W：雲母窓

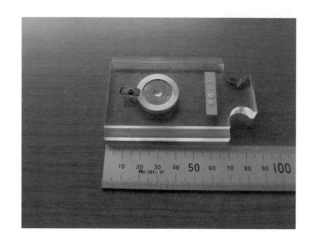

図 11.2 $^{90}_{38}\mathrm{Sr}$ / $^{90}_{39}\mathrm{Y}$ β 線源

を考慮して，GM 計数管で計測される 1 秒間の計数値 n は

$$n - n_{\mathrm{B}} = AF_{\mathrm{a}}G \,. \tag{11.3}$$

この関係から，n_{B} を計測し，F_{a}, G を求めて，放射能の強さ A を決定する．

$$A = \frac{n - n_{\mathrm{B}}}{F_{\mathrm{a}}G} \,. \tag{11.4}$$

計数値の統計的変動

原子核の崩壊は，互いに全く独立で，確率的に起こる現象である．そのため，技術的な不確かさのない理想的な測定であっても，計測時間 t [s] の測定を繰り返し行ったときの計数値 $N = nt$ は一定ではなく，平均値 $\langle N \rangle$ の付近に分散した値が計測される．計数値の分散の程度を表す量としては，標準偏差 (統計的な不確かさ)

$$\sigma_N = \sqrt{\left\langle (N - \langle N \rangle)^2 \right\rangle} \tag{11.5}$$

が用いられる．N はポアソン分布をし，σ_N の値は

$$\sigma_N = \sqrt{\langle N \rangle} \tag{11.6}$$

となることが知られている．1 秒間の計数値は

$$n = \langle N \rangle / t \,, \tag{11.7}$$

その標準偏差は

$$\sigma_N/t = \sqrt{\langle N \rangle}/t = \sqrt{n}/\sqrt{t} = n/\sqrt{\langle N \rangle} \tag{11.8}$$

となる．したがって，計数値 n の統計的な変動は，計測時間の $\sqrt{t}$ に比例して，あるいは計数値の $\sqrt{\langle N \rangle}$ に比例して小さくなる．実験では，計数時間を固定して，計数の多い場合と少ない場合について，何回かの測定を行い，計数値の統計的な変動の相違について観察する．

11.3 実験

実験で特に注意すべきこと

(1) **放射線源の取り扱い**：この実験では密封された $^{90}_{38}Sr/^{90}_{39}Y$ 放射線源 (図 11.2) を使用する．その取り扱いについては，「測定」における「**放射線源の取り扱いの注意**」を熟読し，その注意を厳守して，放射線の被曝を最小限に止め，放射性物質が漏出して汚染しないようにしなければならない．異常があれば直ちに教員に申し出よ．

(2) **GM 計数管の取り扱い**：GM 計数管の窓は，できるだけ多くの β 線を計測するため，非常に薄い雲母の膜でできている．窓に触れて破損しないように十分注意する．また，GM 計数管には 1000 V 以上の高電圧がかかっていることにも注意せよ．

(3) 実験の最終目的は (11.11) 式の A，つまり線源の素の放射能を求めることと，計数の統計的変動を求めることである．

装置と器具

　放射線源 (借り出し)，GM 計数管と測定台，計数装置 (機種を記録すること)，Al 吸収板セット

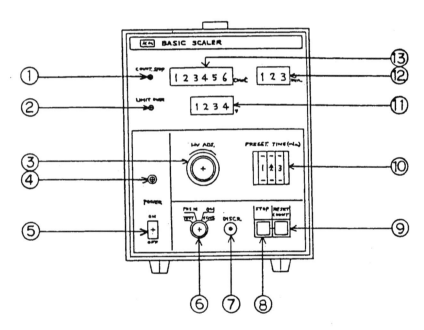

図 **11.3** TDC-105 型計数装置

測定

(初期設定)

(1) 電源を入れる前に，装置背面のアース端子と OA タップのアース用のネジを Y 字端子線を使ってつなぐ．GM 計数管と TDC-105 型計数装置を同軸ケーブルで TDC-105 の裏面の GM/HV に接続する．そして，図 11.3 の TDC-105 計数装置<u>表面</u>の高電圧調整つまみ HV ADJ ③ がゼロ点，つまり左 (反時計方向) いっぱいに回してあることを確かめよ．

(2) 入力信号切り替えスイッチ ⑥ を TEST とする．

(3) TDC-105 の電源コードのプラグを天井からつり下げてある AC 100 V のコンセントに接続した後，電源スイッチ ⑤ を入れる．POWER ランプ ④ が点灯することを確かめよ．その後約 30 秒待つ．

(4) まず，計数時間を設定する PRESET TIME ⑩の使い方を説明する．計数時間は，12.3 min のように表示される．それぞれの桁の数字の上 (下) の押しボタンは数字が増える (減る) ように設定される．今回の実験の測定時間は 1 分 (60 秒) であるため，01.0 min となるように設定する．

(計数装置のテスト)

(5) TEST 信号を 1 分間計数し，計数装置のテストを行う．PRESET TIME ⑩の設定を 1 分 (表示 01.0 min) とし，次に，RESET/COUNT ボタン⑨を押し，TEST 信号を計数せよ．1 分間たって自動的に計数が終了すると COUNT STOP ランプ①が点灯する．⑬に表示された計数値が 1000 ± 1 count(カウント) ならば正常である．もし異常があれば申し出よ．

(6) 再度 RESET/COUNT ボタン⑨を押すと，前の計数がリセットされ，表示が 0 となり，同時に新たな計数を始める．もし前の計数との加算が必要な場合は，スイッチを押す前に実験ノートに記録して計算する．計数を途中で中止したい場合には，STOP ボタン⑧を押す．再度計数を開始するときには RESET/COUNT ボタン⑨を押す．

(7) このように，RESET/COUNT ボタンを押すたびにゼロリセットされて測定が始まり，1 分間測定して終了する．そして表示されたカウント数をノートに記録する．この実験ではこれを繰り返して放射線量を測定する．

(計数装置の始動)

(8) 次に，放射線の測定をするときの計数装置の取り扱い操作について述べる．入力信号切り替えスイッチ⑥を GM にする．電圧計⑪を注意深く見ながら，高電圧調整つまみ③をきわめてゆっくり右 (時計方向) に回し，1 分ほどかけて**GM 計数管に記してある**指定電圧 (1100～1250 V) に設定せよ．指定の電圧はそれぞれの実験セットによって，電圧が多少変動しても放射線のカウント数に影響がないよう，あらかじめ確認されたものである．調整つまみは，慌てて回すとあらかじめ設定してある制限電圧を超える場合がある．この場合，LIMIT OVER ランプ②が点灯し，高電圧は自動的に降下する．もし実験の最中に LIMIT OVER ランプ②が点灯した場合は申し出よ．高電圧のリセットは担当者が行う．

(9) GM 計数管に指定電圧をかけた後，装置を安定させるため 5 分たってから以下の測定を始めよ．待ち時間に実験操作の説明を一通り読んでおくこと．測定にあたっては，これまでと同様，PRESET TIME ⑩を 1 分に設定する．

(自然計数の測定)

(10) 放射線源をセットしてなくても環境放射線によるカウントが常に存在する．これを自然計数という．主に宇宙線，空気中の放射性元素が原因である．放射線源の正味の放射能を調べる際には，自然計数を差し引く必要がある．ここでは 1 分間の自然計数を測定する．RESET/COUNT ボタンを押し，測定が停止したら，計数の表示値を読み取ってノートに記録する．全くカウントしない場合には，教員に申し出よ．また，以下の実験ノートへのデータ記録は **11.5 実験ノートの記録例**を参考にせよ．

(11) (10) の操作を繰り返し，自然計数を 5 回測定する．これは放射線源からの放射線量と比べて自然計数が小さいので，統計的な不確かさを小さくするためである．自然計数の測定値の平均を N_B とする．これは 10 – 100 カウントの範囲になるはずである．計測がこの範囲からずれていたり，全くカウントされなかったりする場合は教員に指示を仰ぐこと．

放射線源の取り扱いの注意

次に，この実験で用いる放射線源と取り扱う場合の注意事項を述べる．放射線源の取り扱いについては，教員から実験者全員に注意が行われる．この教員による注意を聞くまでは放射線源を取り扱ってはならない．**これらの注意を厳守して，放射線源を注意深く取り扱い，事故のないように心がけよ．**

放射線源は，$^{90}_{38}$Sr の化合物で，Al 容器の中央部に，直径 3 mm の円内に一様に付けられている (図 11.2)．その上を薄い Al 箔で覆ってあり，放射性物質は密封されている．この Al 箔が破れない限り，

放射性物質が外部に漏れて汚染することはない．さらに，放射線源の容器はプラスチックの保持板に
はめ込まれていて，直接 Al 容器に触れることなく取り扱うことができる．

　この放射線源は非常に弱いものであり，身体またはその一部を数日間放射線源に接近させておくな
ど，異常な取り扱いをしなければ，実験中に受ける放射線の量はほとんどない．しかし，覆っている
Al 箔が破れて，放射性物質が漏出し外部を汚染した場合は，汚染箇所から長期間にわたって放射線を
出し続けることになるので重大である．また Sr はカルシウムに化学的性質が似ており，飲み込んで骨
に沈着するとなかなか代謝されず，長期間内部被曝する危険がある．したがって，放射線源の Al 容器
部分に手を触れたり，他の物体を接触させたりするなど，この箔を傷つける恐れのあることは，絶対
にしてはならない．

　線源を扱うときには，Al 箔の面を上にして，線源をはめ込んだプラスチックの保持板の持ち手部分
を持ち，保持板を水平に保って慎重に扱う．また，保管場所から取り出した線源は速やかに測定台に
セットせよ．

**万一誤って線源の Al 容器に触れたり，Al 箔を傷つけたり，線源や保持板を落とすなど，異常な取り
扱いをしたら，直ちに教員・TA に申し出よ．**

(放射線源のセット)

(12) GM 計数管が設置されているアクリルの棚に，真ん中に穴の開いたプラスチック板が最初から差し込
まれている場合は，あとで吸収板を丸い穴に載せるので取り外しておく．アクリル棚のむかって右側
面には，吸収・幾何学的補正のため，放射線源から GM 計数管までの距離 h が H = 4.2 cm などと書
かれているので，その数値を実験ノートに記録しておく．

(13) 教員から配られたそれぞれの実験セット番号と同じ番号のついた放射線源の保持板を，実験机上の GM
計数管のアクリル製測定台にセットする．このとき，放射線源のついた保持板は，測定台下部の黒い
印で指定された棚の溝に沿って奥まで挿入する．
以後，測定が終了するまで，線源の位置を動かさないようにする．

(β 線放射能の測定)

(14) 自然計数の測定の場合と同じように，RESET/COUNT ボタンを押し，β 線を 1 分間計測する．この
計数値を「吸収板なし」の毎分計数 N とする．1000 – 15000 counts の範囲になるはずである．そう
ならない場合は教員に指示を仰ぐこと．

(15) 次に，吸収補正のために，Al 吸収板による放射線計数値の変化を測定する．Al 吸収板セットから 5〜6
枚選び，各吸収板について，(16) の手順に従って計測する．

(16) まず吸収板の 1 枚を選び刻印された番号を実験ノートに記録し，次に吸収板セット箱のふた裏側の表
から，吸収板の番号に対応する厚さ (mg/cm^2 単位) を調べ記録する．あらかじめ「**11.5 実験ノートの
記録例**」のような表をつくって整理するとよい．測定では，測定台に付属したプラスチック板 (**放射線
源の保持板ではない**) の円い穴の部分に，サビがつかないようピンセットを使って吸収板をはめ込み，
放射線源の一段上の棚に奥まで挿入する．吸収板なしの場合と同様，RESET/COUNT ボタンを押し，
β 線を 1 分間計測する．これを各吸収板番号における毎分計数 N とする．統計的な不確かさのため，
必ずしも厚い吸収板の方が毎分計数が小さくなるわけではない．計測結果は実験ノートに記録する．

(17) (16) を 5〜6 枚分繰り返す．

(統計的変動の測定．この実験は自然計数を差し引かなくてよい)

(18) ここでは，吸収板のない場合とある場合について 10 回ずつ測定を行う．はじめに，吸収板のない計数
値の多い場合の測定を行う．(14) で行った吸収板のない場合のカウント数を 1 回とし，さらに 1 分間
の β 線計測を 9 回行い，(14) の分と合わせて 10 回とする．それぞれの計数値 N を記録する．

(19) 次に，計数値の少ない場合の測定を行う．1分間のカウント数が吸収板のない場合のおよそ1/5から1/10程度になるような厚い吸収板 (16番程度であろう) を選び，(16) と同じように測定台にセットして，1分間計測しその計数値 N を記録する．同じ測定を10回行う．

(自然計数の再測定)

(20) 実験時間を通して，環境が変化していないか確認するためにもう一度，自然計数 N_{B} を1分間測定する．もし，最初の自然計数の測定と著しく異なった値が得られたら教員に申し出よ．

(21) すべての測定が終了したら，GM計数管の高電圧調整つまみを反時計回りに回して電圧を0にする．高電圧をかけておくと，GM計数管は計数を続けている．GM管の寿命は放電回数によるから，むだに動作させたままにしないよう注意する．つまみを回しきって電圧がだいたい0付近になったら入力切り替えスイッチ⑥を TEST に合わせる．次に，電源スイッチを切り，プラグをコンセントから抜き，計数装置を (1) の初期設定の状態に戻す．最後に放射線源を教員に返却し，机上を整理する．

11.4 測定値の整理と計算

放射線源の放射能の強さ

(1) 放射能の強さを求めるための補正

「11.2 原理」で述べたように，放射線源から放出されている放射線量を求めるには，得られた計数値に，幾何学的補正 G，吸収補正 F_{a}，自然計数 N_{B} による補正を行う必要がある．

(幾何学的補正)

放射線源から放出された β 線のうち，GM計数管に入る割合がこの補正である．この実験の精度では，用いている線源は近似的に点と見なしてよい．GM計数管の円形窓が点線源に張る立体角を Ω とすると，線源から等方的に $A\,[\mathrm{s}^{-1}]$ の β 線が放出されているとすれば，幾何学的な補正因子は $G = \Omega/(4\pi)$ となる．GM計数管で測定される β 線の個数は $N = [\Omega/(4\pi)]A$ で与えられる．図11.4で，線源 –GM計数管窓間の距離を h，窓の半径を r とすれば，G は次式で与えられる．

$$G = \frac{1}{2}\left[1 - \frac{1}{\sqrt{1 + (r/h)^2}}\right] = \frac{(r/h)^2}{2\left[\sqrt{1 + (r/h)^2} + 1 + (r/h)^2\right]} \, . \tag{11.9}$$

r の値は，計数装置 TDC-105 では $r = 1.25\,\mathrm{cm}$，h の値はそれぞれの測定装置に与えられている値を用いて，G の値を計算する．

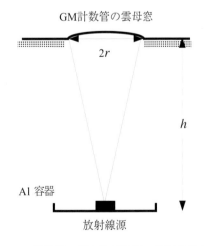

図 11.4 計数管の窓と放射線源の幾何学的な配置

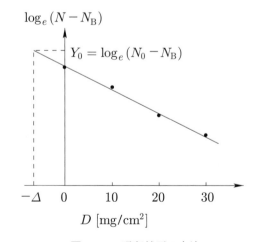

図 11.5 吸収補正の方法

– 74 –

(吸収補正)

β 線が線源の放射性物質から GM 計数管の内部に入射するまでには，線源の Al 箔，線源から GM 計数管までの空気層，GM 計数管の入り口の雲母窓を通過する．その間に原子と衝突し，エネルギーを失って物質中で捕らえられる (吸収される) β 線もある．そのため，GM 計数管に入射する β 線は減少する．この吸収による減少を考慮して，線源から放出される β 線の個数を求めなければならない．測定 (14)〜(16) で計測した，吸収板の厚さ D (mg/cm^2 単位) と β 線の 1 分間の計数値 $N - N_B$ の関係を用いて，この吸収補正を行うことができる．はじめに，実験における線源 –GM 計数管間の吸収層の厚さ Δ を，mg/cm^2 単位で，次式により求める．

放射線源を覆う Al 箔: 4.3 mg/cm^2
線源から計数管の窓までの距離 h [cm] に相当する空気層: $1.2 \times h$ mg/cm^2
計数管の雲母窓: 1.8 mg/cm^2

$$\Delta = 4.3 + 1.2h + 1.8 \ . \tag{11.10}$$

次に，$\log_e(N - N_B)$ と D の関係を図 11.5 のようにグラフ (吸収曲線という) に表示する．計算の際，関数電卓のキーで自然対数 $\log_e$ は「ln」と表されていることが多い．吸収板のない場合の N の値については，測定 (14)，(18) の計数値の平均値を用いる．グラフを描く場合には，縦軸の目盛を調整して，直線の傾きが 30° 〜 60° 程度となるようにする (厳密でなくてよい)．このとき，吸収補正を考慮に入れるため，グラフの横軸マイナス側は -15.0 mg/cm^2 までとること．縦軸については，ゼロからではなく適当な範囲，たとえば測定者によって異なるが 7.5 〜 8.0 や 7.5 〜 8.5 のように「.5」の単位で範囲をとると，次の吸収補正がしやすくなる．

この吸収曲線を $D = -\Delta$ まで外挿 (グラフの直線などをデータ点のないところまでそのまま伸ばすこと) し，$D = -\Delta$ における外挿値 $Y_0 = \log_e(N_0 - N_B)$ を求める．Y_0 はグラフの縦軸から目測で 3 桁まで読み取る．得られた値 $N_0 - N_B = \exp[Y_0]$ が，全く吸収のない場合に測定されるべき計数値，(11.4) 式における $(n - n_B) \cdot 60/F_a$ を与える．

(2) 放射能の強さ

これらの補正を行って，最終的にこの実験で求めたい放射線源の放射能の強さは，(11.4) 式から

$$A = (N_0 - N_B)/(G \cdot 60) \tag{11.11}$$

によって求められる．60 で割ることにより，1 秒間の計数値に変わっていることに注意せよ．得られた放射能の強さの単位はベクレル [Bq]，つまり放射線源から 1 秒間に放出される β 線の数である．

計数値の統計的変動の観察 (放射線の数は全くランダムなので統計的観測に向いている)

測定値のゆらぎの大きさ (標準偏差) は近似として平均値 $\langle N \rangle$ を真の値と考えると理論的には $\sqrt{\langle N \rangle}$ になる (ポワソン分布のゆらぎの理論値)．実験的には 10 回測定を行い，77 ページのように 10 個の測定値から標準偏差 $\sigma_N = \sqrt{\dfrac{(N_1 - \langle N \rangle)^2 + (N_2 - \langle N \rangle)^2 + \cdots + (N_{10} - \langle N \rangle)^2}{9}}$ ($N - 1 = 10 - 1 = 9$ で割る) を求める．ゆらぎの理論値と実験値を比較しおおむね一致することを確認せよ．また，計数値 $\langle N \rangle$ が大きい場合 (測定 (18)) と少ない場合 (測定 (19)) の相対不確かさ $\sigma_N/\langle N \rangle$ をそれぞれ求めて計数値が大きいほど相対不確かさが小さくなることを理論値・実験値の双方で観察する．

11.5　実験ノートの記録例

実験題目 ⋯⋯⋯
日時，協力者，実験セット番号，使用器具など

計数値のデータ

(1) 自然計数

回数	計数時間 (min)	毎分計数 ($\min^{-1}$)
1	1	30
	平均 N_B	$\cdots$

(2) β 線の計測

吸収板番号	厚さ D (mg/cm^2)	計数時間 (min)	毎分計数 N ($\min^{-1}$)	$N - N_B$ ($\min^{-1}$)	$\log_e(N - N_B)$
吸収板なし	0	1	$\cdots$	$\cdots$	$\cdots$

(3) 放射能の強さ

吸収補正

Al 箔　　4.3 mg/cm^2

空気　　$1.2 \times h = \cdots$ mg/cm^2　　($h = \cdots$ cm)

雲母箔　1.8 mg/cm^2

合計　　$\Delta = \cdots$ mg/cm^2

吸収補正した計数値 $N_0 - N_B = \cdots$ $\min^{-1}$

吸収曲線のグラフ

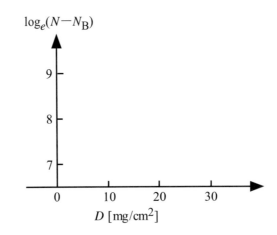

幾何学的補正

$h = \cdots$ cm

$r = 1.25$ cm

$G = \cdots$

放射能の強さの計算

$$A = \frac{N_0 - N_B}{60 \cdot G} = \cdots \ \text{s}^{-1}$$

放射能の強さ (線源 No. $\cdots$)　　　$A = \cdots$ Bq

(4) 統計的変動の観察

計数値の大きい場合:
吸収板なし

回	1分計数値 N	$(N - \langle N \rangle)^2$
1		
2		
10		
合計		

ゆらぎの測定値 $\sigma_N = (\quad)$
ゆらぎの理論値 $\sqrt{\langle N \rangle} = (\quad)$

計数値の小さい場合:
吸収板の厚さ $(\cdots \mathrm{mg/cm^2})$

回	1分間計数値	$(N - \langle N \rangle)^2$
1		
2		
10		
合計		

ゆらぎの測定値 $\sigma_N = (\quad)$
ゆらぎの理論値 $\sqrt{\langle N \rangle} = (\quad)$

考察のヒント

予習の際に，それぞれの項目をわかる範囲でかまわないので調査・考察し，実験のための準備をしよう．また，実験の際にはできる限りの工夫をして実際に計測してみよう．

- 実験で無視している要素を考慮してみよう．

GM 計数管の検出効率は 100 %(放射線が入射すると必ずカウントする) と仮定しているが，本当だろうか？ [   ]

放射線源は様々なエネルギーの β 線を含むため，検出器に届かない放射線もあるが，それはどのくらいか． [   ]

GM 計数管の中身の物質についてはまったく考慮していないが，実際はどういう物が使われているのだろうか． [   ]

放射線を遮る物質として考えたときに，空気の湿度や気圧の変化の影響はどのくらいあるだろうか．
[   ]

GM 計数管での計数はどのくらい時間が経つと安定するのだろうか．今回の実験では時間とともに変化したか？ [   ]

GM 計数管の印可電圧の変化は，計数にどのくらい影響を与えるだろうか．
[   ]

幾何学的補正は本当にあの式でよいのだろうか．放射線の反射や屈折などはないのだろうか．
[   ]

カウンターの時間測定精度の影響はどれくらいだろうか. 自然計数の変動はどのくらい影響があるのだろうか. [   ]

- 個々人の実験技術に起因する不確かさについて考えてみよう.

Al 吸収板や放射線源を置くときに, 斜めになっていなかっただろうか. 斜めになると実質的に通過する物質が増える. [   ]

グラフに直線を引く際の傾き・切片の不確かさやグラフを読み取るときの不確かさはどれくらいだろうか.

[   ]

この実験の場合, 縦軸の小さい値ほど相対不確かさが大きくなる (不確かさはカウント数の平方根) が, それを考慮して直線を引いただろうか.

[   ]

Al 吸収板が厚くなると, カウント数が直線的に減らないように見える. もしそうならこれはどういう理由だろうか. [   ]

- 物理定数などの不確かさも考えてみよう. 計算過程での桁数は十分に足りていただろうか. 足りていない場合, どのくらい影響があるだろうか.

[   ]

今回使った放射線源からの放射線は本当に一定かつランダムに来ているのだろうか.

[   ]

放射性物質としての ^{90}Sr/^{90}Y の性質を調べてみよう. 自然計数の原因となる宇宙線や空気中・人体・実験室からの放射線について調べてみよう.

[   ]

11.6 参考

放射性原子核の崩壊

放射性元素の原子核 1 個が 1 秒間に崩壊する確率を λ とすれば, ある時刻 t における原子核の個数 N は, 時間とともに

$$\frac{\mathrm{d}N}{\mathrm{d}t} = -\lambda N \tag{11.12}$$

のように減少する. 時刻 $t = 0$ で $N = N_0$ として, この微分方程式を解くと,

$$N = N_0 \exp[-\lambda t] \tag{11.13}$$

が得られる. 放射能の強さは, 単位時間の崩壊数であるから, 次式で与えられる.

$$-\frac{\mathrm{d}N}{\mathrm{d}t} = \lambda N. \tag{11.14}$$

放射性元素の半減期は, N が初期値 N_0 の 1/2 になる時間である. 半減期 T は, $N_0/2 = N_0 \exp[-\lambda T]$ から求められ,

$$T = \log_e 2/\lambda = 0.693/\lambda \tag{11.15}$$

となる. 逆に, 半減期が知られれば, 原子核の崩壊定数 λ を求めることができる.

たとえば, $^{90}_{38}$Sr では, $T = 28.8\,\mathrm{y} = 9.08 \times 10^8\,\mathrm{s}$, $\lambda = 7.63 \times 10^{-10}\,\mathrm{s}^{-1}$ となるから, $^{90}_{38}$Sr 1 mol (90g) の放射能の強さは, $\lambda N = 4.59 \times 10^{14}\,\mathrm{Bq}$.

吸収補正について

放射線の物質による吸収は，物質の厚さ D に対して，近似的に指数関数 $\exp[-\mu D]$ に比例して減少する．ここで，μ は吸収係数と呼ばれる量で，物質を通過した β 線が吸収される割合を表す．吸収係数 μ はほぼ物質の質量に比例するので，密度 ρ で割った μ/ρ は物質の種類によらない．したがって，単位断面積当たりの質量を単位として，厚さを ρD [g/cm^2] で表せば，物質による吸収は，厚さ [g/cm^2] によって決まる．

GM 計数管の計数と数え落とし

GM 計数管では，放射線粒子 1 個が窓を通過して GM 計数管に入射すると，気体分子をイオン化し，イオンと電子を発生する．電子は陽極付近の強い電場で加速されて，さらに次々とガスをイオン化し，ねずみ算的に電子とイオンの対をつくる．発生した電子とイオンはそれぞれ陽極と陰極に移動して電流信号を生じる．この信号を増幅して計数装置で計数し，放射線粒子の個数を数える．

一般には，計数管の電極間の電圧が変わると計数が変化するが，GM 計数管ではある範囲で電圧が変化しても計数がほとんど変化しない．GM 計数管はこのような領域 (プラトーという) で使用される．

GM 計数管は放電によって放射線粒子の個数を計測する装置であるから，一度放電が起こると，次に粒子が入射しても新たに放電が起こらない時間がある．この時間を分解時間といい，この分解時間内に入射した粒子は正しく計数されない．入射粒子数が多くなると，この数え落としが問題となる．実験で用いる GM 計数管の分解時間はおよそ 10^{-6} min 程度である．この実験では，1 分間の計数が 2000 程度であるので，数え落としは数個程度であり，統計的な不確かさと比較して小さいので無視する．

人体の放射能

自然物のほとんどは放射能をもっている．人体がどれくらい β 線に関して放射能をもっているか簡単に計算してみよう．

人体を構成する重要な元素としてカリウムがある．カリウムには ^{39}K，^{40}K，^{41}K の 3 種の同位体があるが，このうち放射能を持つのが β 線を放出する ^{40}K で，カリウムのうち 0.01% の割合で存在し，その半減期は 1.277×10^9 年である．人体には体重 1 kg あたり 2 g のカリウムが含まれるので，体重 60 kg の人は 120 g のカリウム，つまり 0.012 g の ^{40}K を含む．(11.14)，(11.15) 式から，

$$\lambda N = \frac{0.693}{1.277 \times 10^9 \times 3600 \times 24 \times 365} \times \frac{0.012}{40} \times 6.02 \times 10^{23} \simeq 3100 \ [\text{Bq}] \tag{11.16}$$

となる．β 線について，今回使用した ^{90}Sr 放射線源と放射能を比較してみよ．

放射線の特性

放射線は，分子 (10^{-10} m 程度のサイズ) を取り囲む電子の交換である化学反応とは異なり，原子核反応により原子核 (10^{-14} m 程度のサイズ) から直接出てくる高いエネルギーをもつ粒子であり，α 線 (ヘリウム原子核)，β 線 (電子)，γ 線 (高エネルギーの光子) がある．一般的に数 MeV($=$ 百万 eV) のエネルギーをもち，化学反応で典型的な数 eV(電池を思い出せ) の百万倍のエネルギーである．アインシュタインの相対性理論の式 $E = mc^2$ から物質の質量とエネルギーは同じものの違う表現であることがわかっている．というわけで，粒子の重さもエネルギーで表すことができる．化学式での質量保存の法則は，物理では質量にエネルギーも含めた上で保存する．典型的な粒子の質量は次のようである：

陽子の質量：1.67×10^{-27}kg $= 938$MeV$/c^2$，電子の質量：9.11×10^{-31}kg $= 0.511$MeV$/c^2$.

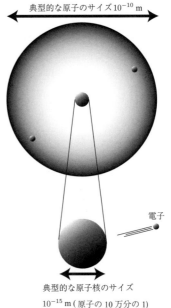

典型的な原子のサイズ 10^{-10} m

電子

典型的な原子核のサイズ
10^{-15} m（原子の 10 万分の 1）

図 11.7 原子と原子核

−極　　　　　＋極

1 V

電荷 e の電子（陽子）を 1 V の電位差で
加速したときのエネルギーが 1 eV（電子ボルト）

図 11.6 電子のエネルギー

この実験で使用する放射性同位元素はストロンチウム 90 で，以下のような崩壊様式で β 崩壊して電子を出す．物理では原子そのものが変化する．

$$^{90}\text{Sr}（ストロンチウム：半減期 28.8 年）\rightarrow e - (0.546\,\text{MeV})\,^{90}\text{Y}（イットリウム：半減期 64.1 時間）$$
$$\rightarrow e - (2.28\,\text{MeV})\,^{90}\text{Zr}（ジルコニウム）$$

放射線は透過性が強いので医療や生物学に大いに利用されている．検査や診断に限っても，CT や PET といった断層撮影や，非密封アイソトープを投与し患部や代謝の大きな部分を調べるのに使われている．人体を透過してくることから，放射線がどこからどれだけの量放出されているか，装置の中で幾何学的補正や吸収補正，自然計数の差し引きを行ってある．今回の物理学実験では Al 吸収板で吸収補正などを行ったが，このような医学・生物学的な目的には，水をもとにした生物体と等価な吸収体が用いられる．

12 オシロスコープ

12.1 課題

電気はランプやモーターといったエネルギーや動力だけでなく，いろいろな信号や情報を伝える役割も果たしている．身のまわりにも携帯電話やテレビ，コンピュータなど，日常生活で切っても切り離せない電気製品があふれている．このような信号の基本的な性質を観察し，測定するのがここでの課題である．具体的には，デジタルオシロスコープを使って，電気信号の波形の観察，電圧の測定，周波数の測定などを行い，その動作を理解するとともに，取り扱いに習熟する．さらに，2 現象動作と X-Y 動作によって，2 つの正弦波信号電圧の位相差を測定する．

12.2 原理

この実験で使う電気信号は約 1000 Hz，つまり 1 秒間に約 1000 回振動する．このような信号は，たとえば電球の点滅を使って肉眼でその変化を観察する，ということはできない．そこでオシロスコープという装置を使って信号の大きさや変化を表示し，定量的に測定する．

オシロスコープ

図 12.1 のように，オシロスコープは，信号波形が入力されたときに，決まった電圧を超えた (もしくは下回った) 時間を基準 ($t = 0$) として，縦軸を電圧，横軸を時間として信号波形を画面に表示する．決まった電圧のことをトリガ・レベルという．画面ではトリガ・レベルとトリガ基準点がそれぞれ矢印で示されており，信号波形は必ずそれらの矢印の交点を通る．トリガ・レベルは測定者が自由に設定できるが，波形からはずれた高い (低い) 位置に設定すると，正しく表示されなくなる．

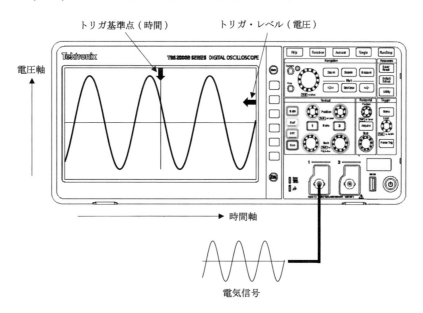

図 **12.1** オシロスコープ

一般的な測定では，同じ形の信号が繰り返しやってくるので波形は止まって見えるが，ノイズのようなランダムな信号は動いて見える．

この実験では 2 現象オシロスコープを使用する．2 つの入力端子 CH1 と CH2 を持っているので，2 つの信号波形を同時に画面に表示することができ，2 現象モード，つまり Y-T モード (横軸が時間で，縦軸

が電圧や電流になっている表示モード) では1つの信号の電圧波形と電流波形の比較や，2つの信号の位相差や波形の変化の比較，ある回路を通す前と通した後の波形の違いなど，相互に関係を持った信号を同時に測定することができる．さらにX-Yモード (横軸がCH1の電圧や電流など，縦軸がCH2の電圧や電流などになっている表示モード) があり，CH1の信号をX軸の座標，CH2の信号をY軸の座標とする点の軌跡を描くことができる．

正弦波信号電圧の振幅と位相

時間 t とともに周期 T で振動する信号電圧 $V(t)$(振幅 $A > 0$) として

$$V(t) = A\sin(2\pi t/T + \delta_0) \tag{12.1}$$

を考える．$V(t)$ を t の関数として示せば，図12.2のような正弦曲線になる．このような信号を正弦波 (サイン波) 信号と呼ぶ．電圧 $V(t)$ は $-A \leqq V(t) \leqq +A$ の範囲で変動する．この A を振幅と呼ぶ．一般に信号の最大値と最小値の差 $V_{\max} - V_{\min}$ を信号の Peak-to-Peak 値 (略して P-P 値もしくは Pk-Pk 値) と呼ぶ．正弦波信号では，P-P 値は振幅の2倍，つまり $2A$ となる．振動数 $f = 1/T$ と角振動数 $\omega = 2\pi f$ を用いて書き直すと

$$V(t) = A\sin(2\pi ft + \delta_0) = A\sin(\omega t + \delta_0)$$

と表される．

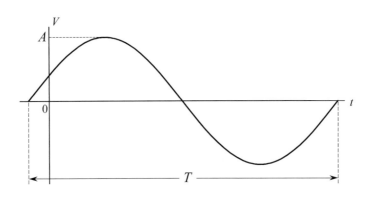

図 **12.2** 正弦波信号の周期と振幅

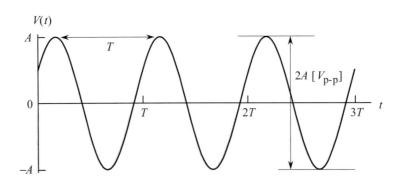

図 **12.3** 正弦波信号 (初期位相 $\delta_0 = \pi/6$ の場合)

$\phi(t) = \omega t + \delta_0$ を，正弦波信号 (12.1) の時間 t における位相という．位相 $\phi(t)$ がパラメータとなっているので，ある時間 t の電圧 $V(t)$ を決めるためには，位相を知る必要がある．正弦関数は周期 2π の周期関数なので，位相 $\phi(t)$ が 2π の整数倍だけ異なる2つの時点では，電圧はまったく同じになる．

δ_0 は $t = 0$ における位相で，初期位相ともいう．正弦波信号について，2 つの時点における電圧 $V(t_1)$ と $V(t_2)$ を比較するとき，2 時点間の位相差は $\phi(t_1) - \phi(t_2)$ となる．図 12.3 に初期位相が $\delta_0 = \pi/6$ の場合の正弦波信号を示す．

2 つの正弦波信号の位相差

ここでは，2 つの振幅と周期が同じ正弦波信号を考える．周期が同じ 2 つの正弦波信号の時間的なずれを考えるとき，信号間の位相差という量を用いる．これは，それぞれの初期位相の差 $\delta = \delta_{02} - \delta_{01}$ のことである．任意の時間 t に対し，それぞれの位相 $\phi_2(t)$ と $\phi_1(t)$ の差は

$$\phi_2(t) - \phi_1(t) = (\omega t + \delta_{02}) - (\omega t + \delta_{01}) = \delta_{02} - \delta_{01} = \delta$$

となり，時間 t によらず信号間の位相差 δ に等しくなる．

信号間の位相差 δ が正であるとき，第 2 の信号 $V_2(t)$ は第 1 の信号 $V_1(t)$ よりも位相が δ だけ進んでいるという．または同じことであるが，$V_1(t)$ は $V_2(t)$ よりも位相が δ だけ遅れているという．反対に，δ が負であれば，第 2 の信号は第 1 の信号よりも位相が $-\delta$ だけ遅れているという．このように，信号間の位相差は，位相の進み δ または位相の遅れ $-\delta$ として記述される．

本実験ではオシロスコープを用いて，2 つの正弦波信号の位相差を測定する．2 現象オシロスコープには 2 組の信号電圧入力端子 (CH1 と CH2，CH は CHannel) が備えられ，3 種類の動作モードがある．単現象動作モードでは，1 つの入力信号の時間波形が表示され，2 現象動作モードでは，2 つの信号の時間波形が同時に表示される (図 12.4)．これらのモードでは表示された水平軸 (T 軸) が時間軸で，垂直軸 (Y 軸) が信号軸である．X-Y 動作モードでは，CH1 入力を X 座標，CH2 入力を Y 座標とする点の軌跡が描かれる (図 12.5)．このモードでは位相差が測定しやすくなる．

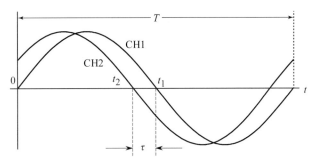

図 **12.4** Y-T 動作による位相差の測定

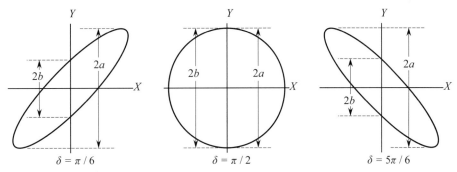

図 **12.5** X-Y 動作による位相差の測定

12.3 実験

装置と器具

2現象デジタルオシロスコープ (Tektronix TBS2072)，低周波発信器 (BK PRECISION 4011A)，可変位相回路，同軸ケーブル，リード線

(**注意**) 机上には「電気回路の共振現象」で使用する器具も設置してある．

オシロスコープの操作方法

この実験では，図 12.6 の回路を用いて，以下の手順で発信器からの入力電圧 $V(t)$ をオシロスコープの CH1 で測定する．

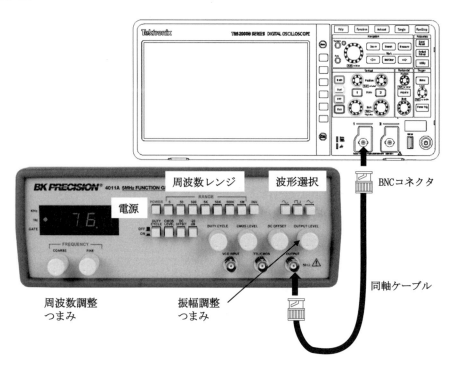

図 12.6 オシロスコープと発信器の接続図

(1) オシロスコープ，発信器の電源を入れる前に結線をする．同軸ケーブルを用いて，発信器の右端の OUTPUT 端子とオシロスコープの左側の CH1 コネクタを接続する．
  (**注意**) しっかり接続されているかよく確認すること．同軸ケーブル端の **BNC** コネクタは，つめの位置を合わせた上で装置に対してまっすぐ差し込み，**90 度時計回りに回すことで固定される．ケーブルを抜く際には 90 度反時計回りに回して緩めた後，コネクタ部分を持って抜くこと．決してビニール被服部を引っ張ってはいけない．**
(2) 図 12.7 を見ながら，オシロスコープの設定を行う．
  (a) まず，オシロスコープの電源コードのプラグを電源に差し込み，オシロスコープの初期設定を行う．オシロスコープの右下に電源スイッチがあるので，それを押してオンの状態にする (もう一度押すとオフになる)．電気機器の電源記号は，オンは緑色，オフはオレンジ色に電源ボタンが点灯する．
  (b) セルフテスト画面が表示される．まず，DEFAULT SETUP(初期状態に戻す) を押す．電源を入れた直後では前回の設定が残っていて，正しい測定ができないためである．

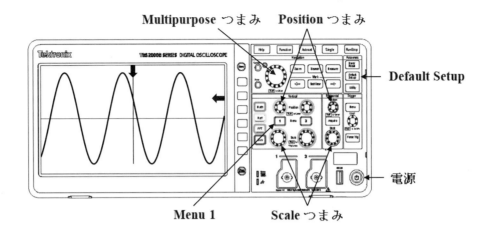

図 12.7 オシロスコープの設定

(c) 「Menu 1」を押す．ここで Probe Setup 10×(10 倍) の右のボタンを押す．10× のままでは振幅が 10 倍に表示されるので，1× に設定すること．Multipurpose つまみを回して「set to 1×」を選んでつまみを押す．CH2 も後で使うので，ここで同様に設定しておく．「Menu 1」を押すことで表示の on/off を切り替えることができる．

(d) 「Menu 1」のすぐ下の「Scale」と書かれたつまみを左に回して　画面左下の表示が「CH1 1.00 V」となるように設定せよ．画面上に点線でかかれた四角形の 1 ます縦が「1.00 V」ということを意味する．

以上で出てきたメニューは下の Menu on/off ボタンで表示・非表示できる．

(3) 発信器の設定を行う．本実験で使用する機器は，5 MHz までの周波数を持つサイン波，方形波，三角波を発生させることができる．

(a) コンセントを差し，フロントパネル中央の POWER スイッチを押すと電源が入る．電源が入るとモニターに周波数が表示される．

(b) 波形を正弦波「∿」に設定する．

(c) 周波数レンジを「5 k」に設定する．

(d) 装置左端の「FREQUENCY」の「COARSE」および「FINE」つまみを調整し，表示値をおおよそ 1000 Hz にする．

(4) オシロスコープで波形を観察しながら「HORIZONTAL」パネル内の「Scale」つまみを調整し，モニター中央下の表示が「200 μs」となるように設定する．発信器からの電圧の振幅 $V_{\mathrm{P-P}}$ をおよそ 5 V になるように調整する．実験中は波形を見やすいサイズに調整するため，これらの値を適宜調整する．

(5) 発信器の「FREQUENCY」つまみを微調整し，オシロスコープのモニター右下の周波数値を 1.00 kHz (998 Hz から 1.02 kHz 程度であればよい) に設定する．ここまでの設定により，オシロスコープのモニターには，図 12.8 の様な波形が表示されているはずである．

(6) 画面表示の位置調整を行う．「VERTICAL」パネル内の，CH1「Position」つまみを左右に回すと，波形が上下に移動する．試しに動かしてみよ．また「HORIZONTAL」パネル内の「Position」つまみを左右に回すと，波形が左右に移動する．「Position」つまみを押すことで，波形は元の位置に戻る．以降行う位相差測定の際には，元の位置に戻っている事を必ず確認すること．

(7) トリガについて理解を深める．トリガとは (拳銃などの) 引き金という意味で，オシロスコープでは表示をするためのきっかけとなる電圧のことを意味する．電気信号は絶えず時間変化しているので，表示し始めるための基準の時間の電圧 (トリガ電圧) をトリガつまみで決める．ここでは実際に変更してみる．基準の時間は画面上部の下矢印になる．これは (6) で説明した HORIZONTAL の Position つ

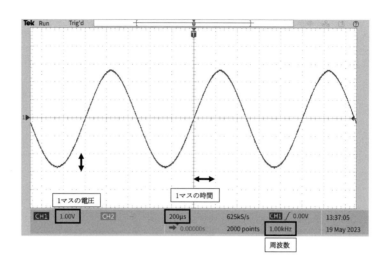

図 **12.8** オシロスコープの表示

まみを左右することにより変えることができる．その地点でのトリガ電圧を変更するには，パネルの
一番右側のトリガ level つまみを左右に回す．それで画面右側の左矢印が上下する．このとき画面右下
の「CH1 ╱ 500 mV」が変化する．これは「トリガ電圧に使うのが CH1 の信号，波形が立ち上がり
Rising(左下から右上に電圧が上がるとき)で，500 mV を超える点」をトリガにするという意味であ
る．この設定で下矢印と左矢印の延長線が交差する点を，左下から右上に信号波形が通過する．それ
ぞれのつまみを動かしても，必ず 2 つの矢印の延長線の交差点を信号波形が通過していることを確認
せよ．トリガ電圧が信号波形のピークや谷を超えると，信号波形がうまくいかなくなることを確認せ
よ．最後に「level」ボタンを押してトリガ・レベルを 0 にする．

(8) 画面右側メニューの使い方とトリガの変更について．オシロスコープには数多くの機能があり，すべ
ての機能を 1 つずつのボタンやつまみに割り当てることはできない．最初に倍率を 1× に調整したと
きのように，このデジタルオシロスコープでは，メニューボタンや機能ボタンを押すと画面の右側に
機能を表示し，ボタンの説明がでるようになっている．違うメニューボタンを押すと違う機能になる．
ここでは先ほどのトリガの条件，「立ち上がり Rising(波形のラインが左下から右上に)」を「立ち下が
り falling(波形のラインが左上から右下に)」へ変更してみる．

 (a) トリガ電圧のつまみの上にある「Menu」ボタンを 1 回押す．すると Trigger Menu が表示される．
それぞれの説明の右側のボタンを押すと機能を変更することができる．

 (b) Coupling を，Noise Reject に設定しておく．今回のオシロスコープが非常に高性能なため細かい
ノイズも検出することが出来，ノイズの影響を受けたトリガ電圧を誤検出することがあるためで
ある．

 (c) SLOPE の右のボタンを押すと交互に「立ち上がり Rising」「立ち下がり Falling」となる．信号波
形は「立ち上がり Rising」で左下から右上へ，「立ち下がり Falling」で左上から右下へ，表示が変
わる．

以上のような方法で，メニューボタンを押して機能を変化させる．

様々な測定方法 (実験ノートに記入)

ここではいくつかの方法を使って信号波形の周期，信号の振幅電圧やピーク (最大値) からピーク (最小
値) の電圧 (P-P 値，V_{P-P}) を測ってみる．演習で習ったように，桁数が多いから正確とは限らない．本来，
最終的な不確かさは 1 桁だが，ここでは計算過程の実習なので不確かさ 2 桁で測定・計算しておく．以下
「10 秒ほど観測して」の部分は時間・測定値とも厳密である必要はない．

(1) 基本機能を使う方法

右下に周波数が「1.00 kHz」のように表示されている．これは信号波形の繰り返しを簡易に測定しているもので，正しく信号の周波数を表示しているかどうかは保証できないが，目安には使える．これをやはり10秒ほど観測して一番高い値・低い値を記録し，平均値と不確かさの表記法で周波数と周期を記録せよ．ここでも不確かさは2桁としておくこと．

(2) 目測による方法

画面上に格子が描かれているので，それを目安にP-P値と周期を測る．縦軸の大きな1ますの電圧は左下に「CH1 500 mV」のように，横軸の大きな1ますの時間は「400 μs」のようにかかれている．VERTICAL の Scale つまみや HORIZONTAL の Scale つまみを回してできる限り精確に P-P 値と周期を測定せよ．この測定結果の不確かさは1桁でよい．

(3) オシロスコープの「MEASURE」機能を使う方法

デジタルオシロスコープには基本機能の他にも，波形を測定する手助けをする機能がある．NAVIGATION の枠の中の Measure ボタンを押し，ディスプレイ上に出た CH1 Measurement Selection のなかから Frequency を選ぶ．Frequency に黄色いボックスがつく．「Menu On/Off」を押し，計測画面に戻ると，左下に CH1 Frequency と周波数を計測しているボックスが現れる．Frequency (周波数) の他に，Period (周期)，Mean (平均)，Peak-to-Peak (P-P 値)，Cycle Mean (実効値)，Min (最小値)，Max (最大値) などなど，数多くの計測が出来る機能が搭載されている．ここでは Period を選択して，値 (1.002 ms など) を確認せよ．これが CH1 の信号の周期になる．10秒ほど測定し平均値と不確かさを記入すること．次に，P-P 値を選択せよ．枠の中に CH1 の Period と P-P 値が同時に表示される．周期と P-P 値を10秒ほど測定し平均値と不確かさを記入する．

(4) CURSOR (カーソル) 機能を使う方法

ガイドになる直線 (カーソル) を表示させて，その点線を波形にあわせて測定する方法もある．NAVIGATION 枠内の Cursors ボタンを押してみよ．Time (時間・左右方向)，Amplitude (上下方向) などのメニューが出てくる．Amplitude を選択せよ．このとき水平の線が2本，上部と下部に表示される．Multipurpose つまみを回すと上側の横線が動く．Cursors ボタンの下の fine ボタンを押すと微調整ができる．Multipurpose つまみを押すと，下側の点線を上下させることができる．波形の上のピークに上側の横線を合わせ，下のピークに下側の横線を合わせる．それぞれの横線の電圧とその2つの横線の差の電圧が画面にに表示される．これを10秒ほど測定し，平均値と不確かさ (これは点線を動かさない限りゼロになる) を記入せよ．次に Time に設定すると，縦線が左右に現れる．Amplitude のときから類推できるように，左右の縦線を Multipurpose つまみで動かす．それぞれ波形のピークと，次のピークにあわせると縦線の間の時間が表示される．平均値を記録すること．もちろん P-P 値・周波数それぞれの不確かさはゼロになるが，本来の不確かさはゼロではない．なぜこの方法では不確かさが求められないのか，どうすればこの方法で不確かさが見積もれるか，考えてみよ．

ここまで，4つの方法で電圧 (P-P 値) や周期とその不確かさを求めてきた．それぞれの平均値の違いを比較し，求めた不確かさとの関係を考えてみよ．

- 確かに平均値には散らばりがあるが，求めた不確かさの範囲におおむね入っているだろうか?

- どの方法でも正しく不確かさが見積もられているだろうか?

- どの測定が真の値に近いだろうか，もしくはどのように真の値を推定するべきだろうか?

位相差の測定と理論値との比較 (レポートとして提出)

電気信号のような波動現象で重要な量として，ここまで説明してきた周期 (周波数) と振幅の他に，2つの信号の間の位相差がある．実際の電気信号の利用では，位相差を利用して共鳴を起こしたり，必要な信号

を取り出したりすることができるが、ここではオシロスコープ上で位相差がどのように測定できるか、基本的な実習をしていく．

(1) 一度現在の配線をすべて外して、発振器からの出力が可変位相回路を通してオシロスコープに入るよう，図12.9のように配線を行う．可変位相回路の中央についているダイヤルは0に合わせておくこと．つなぎ変える際、オシロスコープ・発振器の電源は入れたままで問題ない．

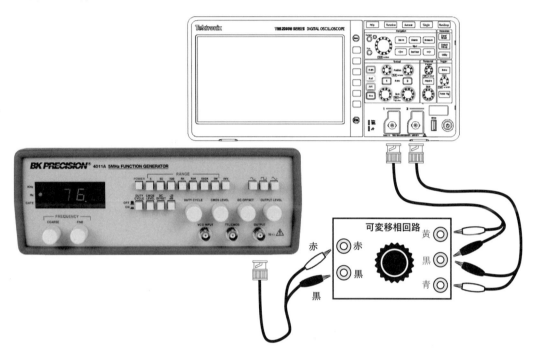

図 **12.9** 位相測定の実体配線図

(2) 現在の状態では CH1 からの信号を表示するモードになっている．ここでは CH1 の表示を調整する．オシロスコープには正弦波が表示されているはずである．図12.8を参考に，CH1 の Position つまみを左右に回してみよ．すると画面の左上に The CH1 position is set to 0 div といった表示が現れる．これは CH1 の波形の表示が上下に何ボルトずれているかを示しているもので，ここでは 0.00 divs，つまり真ん中が0ボルトになるように調整する．次に左下の表示が CH1 1.00 V となるように CH1 の Scale つまみを回す．これで1ます (div) が 1.00 V となる．

(3) CH2 Menu を押すと，CH2 100 mV という表示が現れる．これで2つの信号入力が同時に表示される2現象動作モード (Y-T) になる．(2) と同様に The CH2 position is set to 0div となるように，CH2 の Position つまみを回す．その次に CH2 の Scale を回して CH2 1.00V となるように調節する．これで両方の入力の表示のスケール (1.00 V) と 0 V(グラウンド) の位置が同じになった．

(4) この状態で1つの波形が表示されている．可変位相回路のダイヤルが0の位置，つまり内部の可変抵抗 R の抵抗値が 0 kΩ のとき，2つの入力信号 CH1(黄) と CH2(青) は全く重なった状態になる．信号がP-P値で5 V，つまり上の山から下の谷まで5ます分ちょうどとなるように低周波発振器の Amplitude を調整せよ．

(5) 現在，時間方向のスケールは中央下部に 200 μs と表示されているはずだが，そうなっていない場合は HORIZONTAL の Scale のつまみを回して，表示を 200 μs に合わせること．

(6) このあと，適当に位相変換回路のダイヤルを回すと，図12.10のように2つの波形が表示される．この2つの波形は元々は同じ信号だが，位相変換回路を通って位相だけが違う信号となっている．この信号のずれ (山と山など) のことを位相差と呼び，時間差を $\tau(\mu$s$)$，波形の周期を $T(\mu$s$)$ とすると位相差 $\delta_1 = 2\pi\tau/T$(ラジアン)$= 360\tau/T$(度) となる．可変位相回路のダイヤルで 0，5，10，15，20 の位置の5つの場合について，CH1 と CH2 の波形のずれの時間 $\tau(\mu$s$)$ を読み取り，抵抗値とともにレポートに記入すること．以下の測定では VERTICAL の Scale，HORIZONTAL の Scale，Position のつま

みをまわして見やすいスケールに拡大・縮小して，測定の不確かさがなるべく小さくなるように工夫すること．まず波形の周期 T を測定して (CH1，CH2 どちらでもよい)，レポート用紙に $T = \bigcirc\bigcirc\,\mu s$ と周期を記入すること．データの読み取り方は「様々な測定方法」で行った方法のうち (2) 目測による方法か，(4)CURSOR による方法のどちらか一方を選んで測定せよ．そして，位相差 δ_1 を式から計算してレポートに記入する．これを 2 現象動作による位相差 δ_1 とする．測定した後，(1) と (2) を参照して Position と Scale を CH1，CH2 とも元に戻しておくこと．

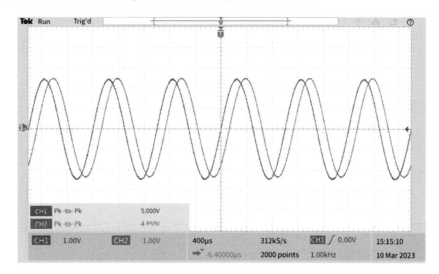

図 **12.10** 位相がずれた 2 つの入力信号の表示 (Y-T 表示)

(7) 次にオシロスコープを X-Y 動作モードにする．HORIZONTAL の囲いの中の Acquire ボタンを押すと，Side Menu が表示されている．Side Menu の XY Display を On にする．これで X-Y 表示モードとなり，図 12.11 のように，画面上に斜めに傾いた楕円が表示される．可変位相回路のダイヤルを回すにつれて，楕円の扁平度が変化する．

(8) 楕円の Y 軸方向の長さを $2a$，楕円が Y 軸を切り取る切片の長さを $2b$ とする．$x = 0$ のとき $y = \pm A \sin\delta$ となるので，$2b = 2A\sin\delta$ となる．また $2a = 2A$ であるから位相差は

$$\sin\delta = \frac{2b}{2a}$$
$$\therefore \quad \delta = \sin^{-1}\frac{2b}{2a} \tag{12.2}$$

となる．したがって楕円の a と b を測定することによって位相差 δ を求めることができる．また，楕円の長軸の傾き $\pm$ によって，$\delta < 90°$(傾きが+) か $\delta > 90°$(傾きが−) かが判別できる．

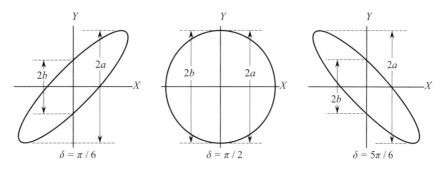

図 **12.11** 位相がずれた 2 つの入力信号の表示 (X-Y 表示)

(9) 可変位相回路のダイヤルで 0, 5, 10, 15, 20 の位置の 5 つの場合について, 楕円の Y 軸方向の長さ $2a$ と Y 軸の切片の長さ $2b$ を読み取り, レポートに記入せよ. 測定の際, CURSOR は使えない. またそれぞれの場合について楕円の長軸の傾きの正負を記録 (+ か – かだけでよい) すること. この正負から δ が $\delta < 90°(\pi/2,$ 傾きが+) か $\delta > 90°(\pi/2,$ 傾きが–) か決定する. この際, 図 12.11 を参考にすること. また $\sin^{-1}$ を計算する際に, 関数電卓の角度のモードが degree(度) になっていることを確認しておくこと. 誤って rad(ラジアン) になっているとほとんど 0 に近い計算結果しか出ない. また, $\sin^{-1}$ の値域は $(-90°, 90°)$ で定義されているので, 傾きが – の場合, つまり $\delta > 90°$ の場合には $\delta = 180° - \sin^{-1}(2b/2a)$ となることに注意すること. 以上の測定値から位相差を計算し, X-Y 動作による位相差 δ_2 とする.

測定値の整理と計算

(1) (位相差の測定値の整理) 可変位相回路のダイヤルで 0, 5, 10, 15, 20 の位置の 5 つの場合について, 時間差 τ から 2 現象動作の位相差 δ_1 を, X-Y 動作の $2a$ と $2b$ から位相差 δ_2 を計算する.

(2) CH1 と CH2 の位相差の理論値 δ_0 は可変位相回路の抵抗 R, 容量 C と正弦波信号の周波数 f によって

$$\tan\frac{\delta_0}{2} = 2\pi fRC$$
$$\therefore \quad \delta_0 = 2\tan^{-1}(2\pi fRC) \tag{12.3}$$

で与えられる. この実験では, 正弦波信号の周波数は $f = 1.0$ kHz $= 1.0 \times 10^3$/s, 電気容量は $C = 0.010\ \mu\text{F} = 1.0 \times 10^{-8}$ F である. 可変抵抗 R の値は, 各可変位相回路の箱の手前に数値表が貼り付けてあるので, その値を使用する.

測定した 5 つの抵抗値の場合の測定値について, 位相差の理論値 δ_0 を求めて, 実験による測定値 δ_1, δ_2 と比較し, なぜそのような値や違いが出たのか考察する. 特に, どのような場合にどちらの測り方がよいかなど, 測定方法からくる精度も含めて考えてみよ.

(3) 得られた結果, 考察を指定されたレポート用紙に記入して提出する.

(4) 最後に, ゴミなどを捨て, 椅子を机の下に入れて整理整頓すること.

- オシロスコープ・発振器の電源を切ってからコンセントを抜く.

- 配線と可変位相回路を元にあったように片付ける.

- 机の上のごみくずや消しゴムの消しかすをゴミ箱に片付ける.

- 机と机の間を通り抜けしやすいよう, 椅子を机の下に入れる.

12.4 実験ノートの記録例

実験題目 ⋯⋯⋯⋯
　　　日時, 協力者, 実験セット番号, 使用器具など

位相差の測定結果

接点番号	0	5	10	15	20
R (kΩ)					
τ (μs)					
δ_1 (度)					
$2a$ (目盛)					
$2b$ (目盛)					
長軸の傾きの正負					
δ_2 (度)					
δ_0 (度)					

観察，考察など

考察のヒント

予習の際に，それぞれの項目をわかる範囲でかまわないので調査・考察し，実験のための準備をしよう．また，実験の際にはできる限りの工夫をして実際に計測してみよう．

- 実験で無視している要素を考慮してみよう．

 実験装置の表示が細かく変化したり，少しずつ一方向に増加/減少したりしているのを見た人もいるだろう．これらの原因は何だろうか．

 [   ]

 発信器の周波数の表示とオシロスコープでの表示や各種測定結果は異なっていた．なぜそのようなことが起こるのだろうか．[   ]

 可変位相回路の抵抗やコイル，コンデンサのパラメータの不確かさはどれくらいだろうか．

 [   ]

 コンセントからの電源や実験室を通過する電波，携帯電話などが発する外部ノイズの影響はどのくらいあるだろうか．[   ]

 配線コードの抵抗や端子の接触抵抗などは測定結果に影響があるだろうか．

 [   ]

 配線がねじれて輪を描いていればそこがコイルになり，2本の線が接近していればそこがコンデンサになる．これらの影響はどのくらいあるだろうか．

 [   ]

 温度や気圧，湿度など，実験室の環境やその変化が発信器やオシロスコープに与える影響を調べてみよう．[   ]

- 個々人の実験技術に起因する不確かさについて考えてみよう．

 オシロスコープでの信号表示には太さがある．目測で測定する際どのように読むのが正しいだろうか．

 [   ]

 不確かさは10秒測定して推測することになっていたが，より長い時間，より短い時間で推測する場合，不確かさはどのように変化するだろう．

[   ]

今回使用した発信器やオシロスコープのデジタル表示で，よりよい不確かさの見積もり方法を考えて
みよう．[   ]

● 物理定数などの不確かさも考えてみよう．

低周波発信器の仕組みについて考えてみよう．どうやっていろいろな周波数を出力しているのだろう
か．[   ]

オシロスコープはどのような原理で表示しているのだろうか．どのような周波数，どのような振幅の
信号でもはかれるのだろうか．

[   ]

可変位相回路の理論式で考慮されている条件，考慮されていない条件はそれぞれ何だろうか．

[   ]

2 つもしくは 3 つの実験装置を接続したときにお互いに電気的に影響を与えるが，どのような影響が
考えられるか．それは実験結果をどのように変えるか．

[   ]

参考

入力した電気信号を表示するための装置がオシロスコープであるが，そこで取り扱われる電気信号の変
化は非常に短い時間の周期で起こるため，人間に知覚できないことが多い．したがって，その動作はこれ
まで物理学実験で使ってきた実験装置と少し異なる．たとえば電圧計であれば入力された電圧をそのまま
表示し時間とともに変化する．ストップウォッチであれば経過していく時間をそのまま表示する．重力加
速度の測定において振子の周期は 3 秒に 1 回程度だったので手動でも読み出すことができたが，これらの
変化が 1 秒間に 1000 回起こるとしたら別の方法が必要になる．オシロスコープは電気信号をたとえば 10
ms のような時間の枠で切り取り，そこでの電圧の変化を表示している．時間を 10 ms ずつに区切り，それ
ぞれの電圧変化グラフをパラパラマンガのように表示していると言い換えてもよい．本文で説明されてい
たトリガとは，このパラパラマンガのグラフでずっと動かない基準点のことである．

現代は情報化社会と呼ばれているが，その情報のほとんどは電気信号を媒介にして伝達・処理・記録さ
れている．写真を例にすると，かつては銀化合物を塗ったフィルムに記録されていたが，現代では光の信
号を撮像素子で電気信号に変換し，メモリに記録し，パソコンで画像処理を行うようになった．このよう
な電気信号を直接見る装置がオシロスコープやそれをもとに各種用途に特化した装置である．医療分野な
どでは，脳や筋肉・心臓から発信される電気信号は脳波計や筋電計・心電計で計測・診断されるが，これ
らの装置はまさにオシロスコープの機能を含んでいる．

引用文献

TBS 2000 series オシロスコープユーザーマニュアル，Tektronix

13 電気回路の共振現象

13.1 課題

(**LCR 直列回路の正弦波に対する応答 ― 共振**) 共振現象とは, 電気回路がある特定の周波数信号の入力に対して, 特徴的な振る舞いの出力信号を示す現象のことである. この現象を使って特定の周波数を選び出すことができるので, 携帯電話やテレビなど多くの身のまわりの電気製品に使用されている. また, 共振現象は電気回路系だけでなく, 一般の力学系, たとえば建築物や乗り物の振動などでも同様の原理で発生する. この課題では LCR 直列回路に正弦波を入力した場合について抵抗両端の電圧 V_R (電流値も V_R に比例する) の波形を観察し, 入力電圧 V^e との振幅の比および位相差が, 入力信号の周波数とともにどのように変化するかを調べる.

13.2 原理

この実験で使用する LCR 直列回路において発生する共振現象について説明する. この回路の出力 V_R は, ある決まった入力周波数で振幅が最大となり, それ以外の周波数では非常に小さくなる.

図 13.1 の回路で, キルヒホッフの第 2 法則 (電気回路上の任意の閉じた線で, 回路中の各区間の電圧, つまり電源電圧と抵抗などによる電圧降下の総和はゼロとなる) を用いると,

$$V^\mathrm{e}(t) = V_\mathrm{L}(t) + V_\mathrm{C}(t) + V_\mathrm{R}(t) \tag{13.1}$$

となる. それぞれの項を電流 $I(t)$ とコンデンサの電気量 $q(t)$ で書き直すと

$$V_\mathrm{L}(t) = L\frac{\mathrm{d}\,I(t)}{\mathrm{d}\,t}, \;\; V_\mathrm{C}(t) = \frac{q(t)}{C}, \;\; V_\mathrm{R}(t) = RI(t)$$

となる. コイルには電流変化を妨げるように逆起電力 $\varepsilon_\mathrm{L} = -L\frac{\mathrm{d}I(t)}{\mathrm{d}t}$ が生じる. コイルが回路に対して発生する逆起電力, つまりコイルの両端電圧 V_L は, その向きを考えると ε_L ではなく, $-\varepsilon_\mathrm{L}$ であることに注意する. 電流と電気量の関係式 $I(t) = \frac{\mathrm{d}q(t)}{\mathrm{d}t}$ を (13.1) 式に代入すると, コンデンサの電気量 $q(t)$ は

$$L\frac{\mathrm{d}^2q(t)}{\mathrm{d}t^2} + R\frac{\mathrm{d}q(t)}{\mathrm{d}t} + \frac{q(t)}{C} = V^\mathrm{e}(t) \tag{13.2}$$

に従って時間的に変化する. この実験の場合は, 入力電圧 $V^\mathrm{e}(t)$ として正弦波 $V_0 \sin(\omega t)$ をかけている. 後で現象を整理しやすいように $\frac{R}{2L} = \beta$, $\frac{1}{LC} = {\omega_0}^2$ と置くと, (13.2) 式は

$$\frac{\mathrm{d}^2q(t)}{\mathrm{d}t^2} + 2\beta\frac{\mathrm{d}q(t)}{\mathrm{d}t} + {\omega_0}^2q(t) = \frac{V_0}{L}\sin(\omega t) \tag{13.3}$$

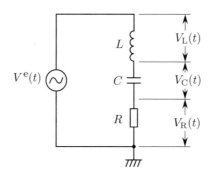

図 13.1 LCR(直列) 回路

となる．この実験では回路は定常状態 (周期的にしか変化しない) なので，この微分方程式の定常解を求めると

$$q(t) = A \sin(\omega t + \varphi) \tag{13.4}$$

ただし，

$$A = \frac{V_0}{R} \frac{2\beta}{\sqrt{(\omega^2 - \omega_0{}^2)^2 + (2\beta\omega)^2}} \tag{13.5}$$

$$\varphi = \tan^{-1}\left(\frac{2\beta\omega}{\omega^2 - \omega_0{}^2}\right) \tag{13.6}$$

で与えられる (付録 E 参照).

(13.4) 式より，回路を流れる電流は

$$I(t) = \frac{dq(t)}{dt} = \omega A \cos(\omega t + \varphi) = \omega A \sin\left(\omega t + \varphi + \frac{\pi}{2}\right)$$
$$= \omega A \sin(\omega t + \delta) \tag{13.7}$$

となる．ここで，(13.6) 式より，位相差 $\delta = \varphi + \dfrac{\pi}{2}$ は

$$\delta = \tan^{-1}\left(\frac{\omega_0{}^2 - \omega^2}{2\beta\omega}\right) \tag{13.8}$$

である．したがって，抵抗の両端に現れる電圧 $V_R(t)$ は

$$V_R(t) = I(t)R = \omega RA \sin(\omega t + \delta) = V_{R0} \sin(\omega t + \delta), \tag{13.9}$$

入力電圧 $V^e(t)$ の振幅 V_0 に対する $V_R(t)$ の振幅 $V_{R0} = \omega RA$ は

$$\frac{V_{R0}}{V_0} = \frac{\omega RA}{V_0} = \left\{\left(\frac{\omega^2 - \omega_0{}^2}{2\beta\omega}\right)^2 + 1\right\}^{-\frac{1}{2}} \tag{13.10}$$

で与えられる.

(13.8)〜(13.10) 式より，入力電圧に対して抵抗の両端に現れる電圧は，位相が (13.8) 式で与えられる δ だけずれ，振幅が (13.10) 式で与えられる $\dfrac{V_{R0}}{V_0}$ 倍になることがわかる．例として $\beta = 0.1\omega_0$ のときの位相差 δ と振幅比の ω に対する変化の様子を図 13.2 に示す．特に，$\omega = \omega_0$ のときは，(13.8) 式より位相差 δ は 0 になり，(13.10) 式より振幅比は 1，すなわち $V_{R0} = V_0$ となっていることがわかる．このときの周波数 $f_0 = \dfrac{\omega_0}{2\pi}$ を共振周波数と呼ぶ．この実験では振幅比，位相差のグラフを書き，共振周波数 f_0 を求める．具体的なグラフの例は後に示す.

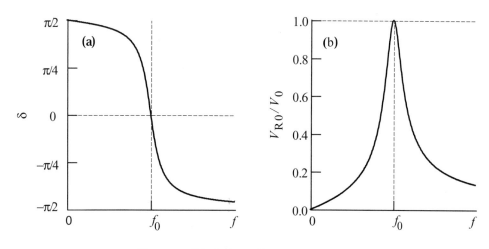

図 **13.2** 共振曲線 (a. 位相差, b. 振幅比)

13.3 実験

装置と器具

2 現象デジタルオシロスコープ (Tektronix TBS2072), 低周波発信器 (A&D AD-8623A), LCR 回路ボックス, 同軸ケーブル, リード線, T 型コネクタ
(注意) 机上には「オシロスコープ」で使用する器具も設置してある.

測定

この実験では, 図 13.1 の回路で, 低周波発振器からの入力電圧 $V^e(t)$ と抵抗 R にかかる電圧 $V_R(t)$ を出力電圧として測定する. 以下の手順で測定を行う.

(1) オシロスコープ, 発信器の電源を入れる前に結線をする. 図 13.1 の回路で, 入力電圧 $V^e(t)$ をオシロスコープの CH1 に, 抵抗 R にかかる電圧 $V_R(t)$ を CH2 で測定する. それが図 13.3 の回路図である. このように接続するには, 図 13.4 の結線図に従って結線をする. 実際に図 13.3 と図 13.4 が等価であることを確認せよ. 接続を確実にするため, 同軸ケーブル端の BNC コネクタは, つめの位置を合わせた上で装置に対してまっすぐ差し込み, 90 度時計回りに回して固定すること. ワニ口クリップで LCR 回路ボックスの端子を挟む. Y 型端子は LCR 回路ボックスの端子のネジを緩めて挟み込み, ネジを締めることで固定する.
(注意) この結線はやや複雑なので間違いやすい. もしオシロスコープに意図した波形が表示されない場合, この項目に戻ってもう一度確認すること.

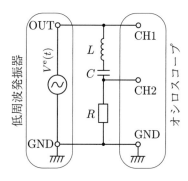

図 **13.3** LCR 直列回路図

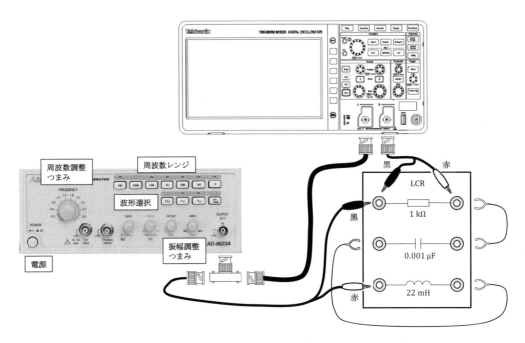

図 13.4　LCR 直列回路図の V_R 波形観察のための結線図

(2) 図 13.5 のように，オシロスコープの設定を行う．

(a) まず，オシロスコープの電源コードのプラグを電源に差し込み，オシロスコープの初期設定を行う．オシロスコープの右下に電源スイッチがあるので，それを押してオンの状態にする (もう一度押すとオフになる)．電気機器の電源記号は，オンは緑色，オフはオレンジ色に電源ボタンが点灯する．

(b) セルフテスト画面が表示される．ここで図の DEFAULT SETUP(初期状態に戻す) を押す．電源を入れた直後では前回の設定が残っていて，正しい測定ができないためである．

(c) 「CH 1 MENU」を押す．ここで Probe Setup 10×(10 倍) の右のボタンを押す．10× のままでは振幅が 10 倍に表示されるので，1× に設定すること．CH2 も後で使うので，ここで同様に設定しておく．

(d) 「CH 1 Menu」のすぐ下の「Scale」とかかれたつまみを左に回して　画面左下の表示が「CH1 2.00 V」となるように設定せよ．画面上に点線でかかれた四角形の 1 ます縦が「2.00 V」ということを意味する．同様に「CH 2 Menu」のすぐ下の「Scale」とかかれたつまみを左に回して，画面左下の表示が「CH2 2.00 V」となるように設定する．

(e) HORIZONTAL の枠の中の Scale とかかれたつまみを右に回して　画面中央下の表示が「 20 μs」

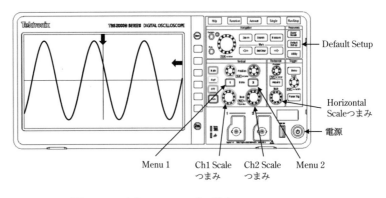

図 13.5　オシロスコープの設定

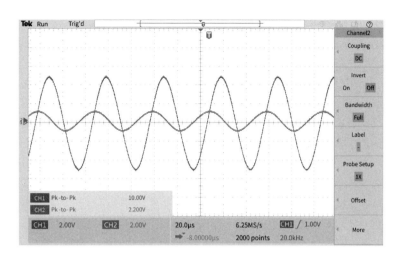

図 **13.6** オシロスコープの波形表示

となるように設定する．画面上に点線でかかれた四角形の 1 ます横が「20 μs」ということを意味する．

(3) 発信器の設定を行う．本実験で使用する機器は，0.3 Hz から 3 MHz までの周波数を持つ正弦波，方形波，三角波を発生させることができる．

  (a) コンセントを差し，フロントパネル左下の POWER スイッチを押すと電源が入る．電源が入ると周波数レンジおよび波形選択スイッチ上の緑色ランプが点灯する．

  (b) 波形を正弦波に設定する．

  (c) 周波数レンジを「100 k」に設定する．

  (d) 装置左端の「FREQUENCY」つまみを調整し，オシロスコープを見ながら周波数を 20 kHz に合わせる．

  (e) 装置右端の「AMPL」つまみを調整し，CH1 の出力電圧が P-P 値（正弦波の山のピークから谷のピークまでの差）が約 10 V になるように調整する．

(4) 図 13.6 のような波形が表示されているかを確認する．

ここまででオシロスコープの画面に何も表示されないとき，オシロスコープ CH1，CH2 の赤黒の端子がオシロスコープにきっちり刺さってない可能性がある．赤い端子を指で押してきちんとはまっているか確認せよ．それで表示に変化がない場合は，配線が間違っていないか確認してみること．

(5) 発振器の周波数を 10 kHz～70 kHz の間で変化させて，CH2(青色) で表示されている，LCR 回路の出力電圧 $V_{\mathrm{R}}(t)$ の P-P 値，つまり $2V_{\mathrm{R0}}$ が変化する様子を CH2 の波形で観察する．この電圧が最大になる周波数（共振周波数 f_0）を読み取り，そのときの P-P 値とともにノートに記録する．ただし，f_0 のときに必ずしも $2V_0 = 2V_{\mathrm{R0}}$ となるとは限らない．以降，CH2 出力電圧の測定では，オシロスコープの時間スケールを Scale つまみを適当に調節することによって，画面上の山の間隔を密にした方が見やすい．このとき $V_{\mathrm{R}}(t)$ の出力電圧の振幅が小さ過ぎる，あるいは大き過ぎるようであれば，CH2 のみ Scale つまみを調節し，読みやすいように変更せよ．

(6) **(注意　この測定と次の (7) の測定は，周波数ごとに同時に測定したほうが効率がよい)** 発振器の周波数を 10, 20, 30, 40, 50, 60, 70 kHz，および 30～40 kHz の間で f_0 以外の適当に選んだ 2～3 点の値とし，$V^{\mathrm{e}}(t)$ と $V_{\mathrm{R}}(t)$ の P-P 値，すなわち $2V_0$(CH1) および $2V_{\mathrm{R0}}$(CH2) (電圧 [V]) を測定する．「13.5 実験ノートの記録例」を参考にして，表を作成して記録すること．周波数は 1% 程度の不確かさの範囲で読み取る．

低周波発振器の出力を一定にしておいても，共振周波数の近傍では LCR 回路への入力電圧 V_0(CH1) が変化することに注意せよ．

(7) (6) で測定した周波数における位相差を符号 (正負) も含めて測定する．位相差の符号については，図 13.2 (a) を参考にして，適切につける．測定では，1 周期分の波形ができるだけ画面一杯に写し出されるように，時間のスケールを HORIZONTAL の Scale つまみで切り替えたほうが精度がよくなる．以下はまず実験ノートに記録・計算すること．測定のつど，中央下に表示される 1 目盛の時間 (○○ μs) を記録し，1 周期分の目盛の数 (正) と位相差の目盛の数 (正負) を読み取り，「13.5 実験ノートの記録例」を参考にして，μs を単位にして，測定結果を記録する．オシロスコープの実験課題を受講したことのある人は，P-P 値や周期・位相差を測定する際に「CURSOR」機能 (p.87) を使って測定してもかまわない．

(注意) オシロスコープでは，目盛の単位として DIV(division，区分) を用い，画面上の正方形 1 ますの 1 辺の長さを 1DIV と呼んでいる．実験で使用したオシロスコープでは小さい点は 0.2DIV に対応している．

(8) 測定が終了したら各装置のスイッチを切り，電源プラグを抜いて，結線をはずし，もとどおりに整理整頓して片付ける．

13.4 測定値の整理と計算

(1) 共振周波数の理論値 $f_0 = \dfrac{\omega_0}{2\pi} = \dfrac{1}{2\pi\sqrt{LC}}$ を計算して，実験 (5) で得られた実験値 (有効数字は 2 桁でよい) と比較すること．f_0 の計算における C および L の値は，図 13.4 に示されるように，$C = 0.0010\ \mu$F $= 1.0 \times 10^{-9}$ F，$L = 22$ mH $= 22 \times 10^{-3}$ H を用いること．(F，H は 付録 A.1 (p.113) を，m，μ は A.3 (p.115) を参照．)

(2) 実験 (6) で得られた結果から，$V^{\mathrm{e}}(t)$ と $V_{\mathrm{R}}(t)$ の振幅比 $\dfrac{V_{\mathrm{R}0}}{V_0} = \dfrac{2V_{\mathrm{R}0}}{2V_0}$ を周波数ごとに計算する．

(3) 実験 (7) で得られた結果から，測定した周波数ごとに位相差 δ を，$\delta(°) = 360° \times \dfrac{\text{位相差}\ (\mu\text{s})}{1\ \text{周期}\ (\mu\text{s})}$ を用いて計算する．位相差の計算について詳しくは，「12 オシロスコープ」の測定 (6) (p.89) を参照せよ．

(4) (2) の計算結果によって，振幅比 (縦軸) と周波数 (横軸) の関係をグラフにプロットし，なめらかな曲線で結んで共振曲線を描く．(3) の計算結果によって，位相差 (縦軸) と周波数 (横軸) の関係についても同様にグラフを作成する (横軸の周波数を共振周波数 ω_0 や f_0 で規格化表示する必要はない)．

(5) この実験から理解したこと，この実験における問題点などに関して考察し，レポートを完成して TA に提出し，実験内容の確認をしてもらうこと．

13.5 実験ノートの記録例

実験題目 ·········
日時，協力者，実験セット番号，使用器具など

V_{R} の振幅が最大になる周波数　$f_0 = \cdots$ kHz

周波数による振幅比および位相差の変化 (表)

周波数 (kHz)	$2V_{R0}$ (V)	$2V_0$ (V)	振幅比 V_{R0}/V_0	1 周期 (μs)	位相差 (μs)	位相差 δ ($^\circ$)
f_0	$\cdots$	$\cdots$	$\cdots$	$\cdots$	$\cdots$	$\cdots$
10	$\cdots$	$\cdots$	$\cdots$	$\cdots$	$\cdots$	$\cdots$
20	$\cdots$	$\cdots$	$\cdots$	$\cdots$	$\cdots$	$\cdots$
30	$\cdots$	$\cdots$	$\cdots$	$\cdots$	$\cdots$	$\cdots$
$\cdots$	$\cdots$	$\cdots$	$\cdots$	$\cdots$	$\cdots$	$\cdots$
$\cdots$	$\cdots$	$\cdots$	$\cdots$	$\cdots$	$\cdots$	$\cdots$
40	$\cdots$	$\cdots$	$\cdots$	$\cdots$	$\cdots$	$\cdots$
50	$\cdots$	$\cdots$	$\cdots$	$\cdots$	$\cdots$	$\cdots$
60	$\cdots$	$\cdots$	$\cdots$	$\cdots$	$\cdots$	$\cdots$
70	$\cdots$	$\cdots$	$\cdots$	$\cdots$	$\cdots$	$\cdots$

共振周波数の理論値

$$f_0 = \frac{\omega_0}{2\pi} = \frac{1}{2\pi\sqrt{LC}} = \frac{1}{2 \times \cdots \sqrt{(\cdots \times 10^{\cdots}) \times (\cdots \times 10^{\cdots})}} = \cdots \times 10^{\cdots} \text{ Hz} = \quad \text{kHz}$$

グラフの記入例

グラフは教員や TA(そして同じ学年の友人) に，あなたがこの実験で何を測定し，どのように理解したか詳しくわかるように書く．以下にこの物理学実験での要領を記すが，上記の趣旨を理解して記述すること．

- 数字，文字やデータ点 ($\bullet$, $\blacktriangle$, $\blacksquare$ など) は大きくはっきり書く．
- 方眼紙内に軸，軸タイトル，タイトルがすべて入るように書く．
- 測定データから縦軸と横軸のとりうる範囲を決定し，特徴的な値 (「90°」,「0」,「1.0」 など) に直線 (点線でもよい) を引く．
- 非常に大事な測定値 (たとえば共振周波数) はわかりやすいところに表示しておく．
- 縦軸と横軸は適切な間隔で目盛をとり，数字を書く．軸のタイトルと測定量の単位を，軸の長さの真ん中付近外側に書き，縦軸のグラフタイトルは縦軸に平行に書く．
- グラフの下には測定を簡潔に表すグラフタイトルを書く．
- データ点の特徴を表すように，滑らかな近似曲線 (場合によっては直線) を引く，プロット点を厳密に結ぶ必要はない (この実験では必要ないが，理論値から求まる曲線を引く場合は，理論値と明示する)．

以上の記入要領で書いたグラフの例を図 13.7 に示す．参考にしてグラフを作成すること．

考察のヒント

予習の際に，それぞれの項目をわかる範囲でかまわないので調査・考察し，実験のための準備をしよう．また，実験の際にはできる限りの工夫をして実際に計測してみよう．

- 実験で無視している要素を考慮してみよう．

  実験装置の表示が細かく変化したり，少しずつ一方向に増加/減少したりする様子を見た人もいるだろう．これらの原因は何だろうか． [　　　　　　　　　　　　　　　　　　　　　]

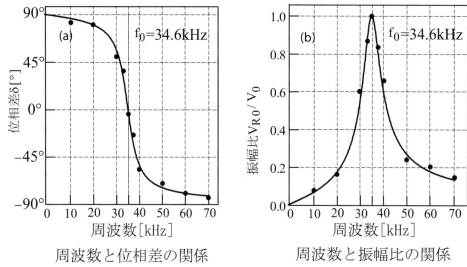

図 13.7 (a) 周波数と位相差, (b) 周波数と振幅比, それぞれのグラフの記入例

配線がねじれて輪を描いていればそこがコイルになり, 2 本の線が接近していればそこがコンデンサになる. これらの影響はどのくらいあるだろうか.

[   ]

温度や気圧, 湿度など, 実験室の環境やその変化が発信器やオシロスコープに与える影響を調べてみよう. [   ]

実験では 2 桁で測定・計算したが, これで十分だっただろうか. それとも桁が多すぎ・少なすぎだっただろうか. [   ]

なぜ共振周波数付近で余分に 2〜3 点の測定を行うのだろうか.

[   ]

なぜ共振周波数付近で LCR 回路への入力電圧 V_0(CH1) が変化するのだろうか.

[   ]

● 個々人の実験技術に起因する不確かさについて考えてみよう.

オシロスコープでの信号表示には太さがある. 目測で測定する際どのように読むのが正しいだろうか.

[   ]

不確かさは 10 秒測定して推測することになっていたが, より長い時間, より短い時間で推測する場合, 不確かさはどのように変化するだろう.

[   ]

今回使用した発信器やオシロスコープのデジタル表示で, よりよい不確かさの見積もり方法を考えてみよう. [   ]

f_0 を実験から測定する際の不確かさはおおよそどのくらいになるのだろうか. 何の不確かさが一番大きいだろうか. また, 目で見て振幅が一番大きくなる周波数を選んだが, 手元にある装置だけでもっとうまく測れる方法はないだろうか.

[   ]

f_0 を測定したあと, 理論値を計算した. 理論値を先に計算する場合と比較して, 利点と欠点を考えてみよ. [   ]

ほとんどの実験では実験グループによって実験結果に差が生じる．この実験課題ではどういう理由で実験グループごとに差が出るのだろうか．[   ]

- 物理定数などの不確かさも考えてみよう．

オシロスコープはどのような原理で表示しているのだろうか．どのような周波数，どのような振幅の信号でもはかれるのだろうか．

[   ]

LCR 回路の理論式で考慮されている条件，考慮されていない条件はそれぞれなんだろうか．

[   ]

2 つもしくは 3 つの実験装置を接続したときにお互いに電気的に影響を与えるが，どのような影響が考えられるか．それは実験結果をどのように変えるか．

[   ]

今回は電気回路の共振を実験したが，最初にあるように，力学系でも共振現象，つまりある特定の周波数だけで異なった反応をするものがある．どのような事象・現象が力学的な共振の例になっているだろうか．[   ]

今回の測定・計算では抵抗 R の大きさには関係なかった．「13.6 参考」を参照して抵抗 R の大きさが変わると共振現象にどのような影響があるか，考察してみよ．

[   ]

13.6　参考

直列 LCR 共振回路について

Q 値について

しばしば共振の鋭さを表すパラメータとして Q 値を用いることがある．共振の Q 値とは，quality factor 略して Q 値 (Q value) または Q 因子と呼ばれ，「13.2 原理」のところで用いた記号で表すと

$$Q = \frac{\omega_0}{2\beta} = \frac{1/\sqrt{LC}}{R/L} = \sqrt{\frac{L}{C}} \, / \, R \tag{13.11}$$

で与えられる．ここで，共振周波数で規格化された入力電圧 V^e の周波数

$$x = \frac{\omega}{\omega_0} \qquad \left(= \frac{2\pi f}{2\pi f_0} = \frac{f}{f_0} \right) \tag{13.12}$$

を用いることによって，(13.8) および (13.10) 式は，それぞれ，

$$\delta = -\tan^{-1}\left\{ Q\left(x - \frac{1}{x} \right) \right\}, \tag{13.13}$$

$$\frac{V_{R0}}{V_0} = \left[\left\{ Q\left(x - \frac{1}{x} \right) \right\}^2 + 1 \right]^{-\frac{1}{2}} \tag{13.14}$$

と表される．いくつかの Q の値について計算された共振曲線を図 13.8 に示す．この図から，Q 値が大きければ大きいほど共振が鋭く起きていることがわかる．

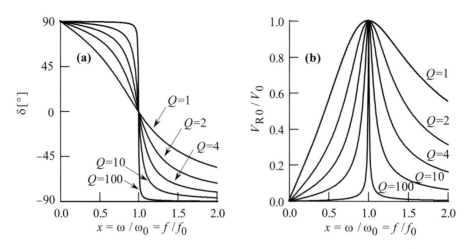

図 **13.8** 共振曲線の Q 値による変化 (a. 位相差, b. 振幅比)

また, Q 値は実験データから直接求めることもできるが, 以下にその方法を示す. 図 13.2 b, 図 13.8 b において, 縦軸の $\dfrac{V_{\text{R0}}}{V_0}$ が, $\dfrac{1}{\sqrt{2}}$ となる (すなわち, 電力 $P = \dfrac{V_{\text{R}}(t)^2}{R}$ の振幅比は $\dfrac{1}{2}$ となる) x の値を x_1, x_2 とすると, (13.14) 式より

$$x_1 = \sqrt{1 + \frac{1}{4Q^2}} - \frac{1}{2Q}, \qquad x_2 = \sqrt{1 + \frac{1}{4Q^2}} + \frac{1}{2Q} \tag{13.15}$$

であるから,

$$x_2 - x_1 = \frac{1}{Q} \tag{13.16}$$

となる. (13.16), (13.12) 式によって, Q は角振動数または周波数を用いて

$$Q = \frac{1}{x_2 - x_1} = \frac{\omega_0}{\omega_2 - \omega_1} = \frac{f_0}{f_2 - f_1} \tag{13.17}$$

と表されることがわかる. すなわち, $\dfrac{V_{\text{R0}}}{V_0}$ が $\dfrac{1}{\sqrt{2}}$ となる周波数 $f_1, f_2 (f_1 < f_2)$ と共振周波数 f_0 を測定することによって Q 値を求めることができる. 電気回路では, (13.11) 式の $Q = \dfrac{\omega_0}{2\beta}$ よりむしろ (13.17) 式を共振の Q 値の定義としている.

(13.15) 式の x_1, x_2 を (13.13) 式に代入すると, 図 13.2 a, 図 13.8 a に示すような位相差 δ は, それぞれ, $\dfrac{\pi}{4}$, $-\dfrac{\pi}{4}$ となる. したがって, 位相差が $\dfrac{\pi}{4}$ になる周波数 f_1 と位相差が $-\dfrac{\pi}{4}$ になる周波数 f_2 を読み取って, (13.17) 式から Q 値を求めることもできる.

これらの周波数 f_1, f_2 の間にある, $f_1 < f < f_2$ の周波数範囲を共振の領域と見なし, $f_2 - f_1$ を共振の幅 (resonance width) と呼ぶ.

13.7 共振現象について

電気回路における共振現象 (共鳴とも呼ばれる) はいろいろな装置で活用されている. 共振周波数で共振するという性質は, 電波を使うほとんどすべての装置, テレビや携帯電話などで使いたい電波を選び出すために使われている. また, NMR (核磁気共鳴) などの実験装置やそれを利用した医療分野での MRI などでも, 超伝導磁石で物質や人体を構成している原子の中の原子核を整列させ, そこに見たい原子核の共振周波数をもつ電波を照射してその原子の分布を調べる, といったことを行っている. 電気回路に限らず, 共振は多くの場面で利用されている. 身近なところでは多くの楽器が共振を利用して音を大きくするよう

に設計されており，ギターのように共鳴箱の形を工夫していろんな周波数で共振が起こるよう工夫されている．また，ブランコをこぐときもその前後運動の固有周波数に体の動きを合わせることによって高く振れるようになる．逆に見ると，重力加速度で用いた振子の振動数やバネにおもりをつけた振動体における振動数なども，その固有振動数に等しい微小振動を加えることによって振動が増大することから，実はそれらは共振振動数となっている．

　共振は抑えたい現象であることも多い．乗り物などの不快な振動は共振によるものも多く，車体ができる限り共振周波数を持たないよう設計されている．地震の際に超高層ビルが共振現象により決まった周波数で長時間大きく揺れるなど，安全面でも問題が起こることがある．今回のような電気を使った実験においても，回路が円を描いたり面積のある配線が接近したりすることにより，意図しない思わぬところに共振回路が形成され，おかしな結果がでてくることがよくある．

引用文献

TBS 2000 series オシロスコープユーザーマニュアル，Tektronix

14　物性

14.1　課題

極低温状態での固体の性質を調べる．液体窒素で冷却し，金属や半導体の電気抵抗の温度依存性，超伝導体のマイスナー効果，強磁性体 (テルビウム) の磁性など，「物性物理学」を代表する現象に触れる．この課題を通して，物質の中の電子間相互作用や相転移に関する理解を深める．

14.2　液体窒素を扱う上での注意

液体窒素は，77 K (−196 °C) の極低温の液体である．したがって，その取り扱いに十分な注意が必要である．液化窒素で起こる主な事故は，凍傷，酸欠，容器の破裂であり，場合によっては大事故に至ることもある．使用者は，以下に述べる注意事項を熟知して安全な取り扱いを心がけること．以下に使用上の注意点を挙げる．

(1) 凍傷に注意

液体窒素の温度は，大気圧下で 77 K (−196 °C) である．液体窒素や冷却された装置に触れると凍傷になるので注意すること．特に服やストッキングなどにこぼれると危険である

(2) 酸欠に注意

通常，大気中には酸素が 21 % ほど含まれている．大気中の酸素濃度が 18 %以下になると酸欠になる．液体窒素は気化すると体積が約 650 倍になるので，密閉空間で大量の液体窒素を使用し続けると酸素濃度が下がり酸欠になる恐れがある．実験中は酸欠にならないように室内の換気を十分に行うこと．

(3) 容器の破裂の危険性

注意 (2) で触れたが，液体窒素は気化すると約 650 倍に体積が増加する．液体窒素が入っている容器を密閉すると，容器内の圧力が急激に上昇し，容器が爆発する恐れがある．絶対に持ち出さないこと．

(4) 扱うガスの特性を熟知する

窒素 (N_2) の特性

分子量：28.0，沸点：77.4 K (−195.8 °C)，

臨界温度：126.1 K (−147.1 °C)，臨界圧力：3.4 MPa (34 atm)

融点：63.3 K (−209.9 °C)

色：無色，臭い：無臭

(5) 事故時の対応

怪我や事故が起きたら直ちに教員もしくは TA にその旨を報告し，指示に従うこと．

なお本実験では，液体窒素の液体窒素容器 (デュワー) から各実験者が使用している小さな容器への補充は，教員または TA が担当する．学生が勝手に液体窒素を補充してはならない．実験中に液体窒素の補充が必要な場合は，教員または TA に補充を頼むこと．

また，この実験では，強力な磁石を使用する．携帯電話，時計，カードなどは，破損のお恐れがあるので，近づけいないこと．

14.3　実験の内容およびねらい

本実験では，液体窒素を使い，以下の 4 つの実験を行う．

(1) 電気抵抗測定

　私たちの周囲にある物質は，金属 (電気をよく流す)，絶縁体 (電気を流さない)，半導体 (金属と絶縁体の中間の性質を持つ) の3つに大別される．これら3種類の物質の違いは電気抵抗の大きさだけではなく，その温度変化にも現れる．ここでは，金属の代表である銅線と半導体であるカーボン抵抗の電気抵抗を測定し，それらの温度特性の違いを比較してみよう．また，抵抗測定技術 (2端子法，4端子法) についても学ぶ．

(2) 白金抵抗温度計の較正

　低温では，どのような温度計を使用するのであろうか？　寒暖計や体温計には，極低温を表示する目盛すらない (アルコールや水銀は固化してしまう)．このような低温では，物質の電気抵抗や熱起電力が「温度依存する」ことを利用し，温度を測定する．本実験では，自ら白金抵抗の抵抗値と温度の関係を求め (これを温度較正という)，低温でも利用できる温度計として使用する．

(3) 高温超伝導

　「超伝導体では電気抵抗がゼロになる」ということはよく知られている．すなわち，一度電流が流れ始めると，永久に流れ続ける．通常の金属でも，極低温まで冷却すると超伝導状態に相転移するものがある (Mg, Al, Pb, Nb など)．超伝導体に磁場をかけると，表面に永久電流が流れて，磁場が内部に侵入できなくなる (完全反磁性，マイスナー効果)．この「マイスナー効果」を実験的に調べ，それが超伝導転移温度以上で消失することをみよう．

(4) 磁石

　磁石を熱したらどうなるか？　いかなる磁石もある温度以上に暖められると磁力を失ってしまうことをみよう．ここである温度とは磁石 (強磁性体) 固有のもので，「キュリー温度」と呼ばれる．

> **本実験の物理学的背景**：超伝導や磁石のように，ある温度を境に性質が大きく変わる現象を相転移という．もっとも身近な例は，[氷 ↔ 水 ↔ 水蒸気] の間の相転移である．特に，水 → 氷の相転移では○○の「対称性」が変化する．この自発的な対称性の破れという概念は，初期宇宙や素粒子物理においても重要な役割を果たしている．超伝導と磁石では，電子のどの自由度の対称性が破れたのだろうか？

14.4　実験

　すべての実験結果を「実験ノート」に記録する．ルーズリーフやレポート用紙は，不可である．実験中に気がついたことは，些細と思われることでも必ず記録する習慣を身につけることが重要である．また，グラフを書きながら実験を進めるようにすること．使用した物品は，必ず元のケースに戻すこと．特に，白金温度計，超伝導体，テルビウムは高価なので，絶対に持ち出してはいけない．

実験1. 電気抵抗の温度変化

(1) 銅線 (直径 $150\,\mu$m) とカーボン抵抗を用意する．

(2) 実験室内の温度計で室温をケルビン (K) 単位で測定し，それを常温としてテスタ (2端子法) を使い，カーボン抵抗の抵抗値を測定する ($0\,°$C $= 273.15$ K，また測定値は読み取り可能な数字，揺らいでいない桁に加え揺らいでいる1桁まで書き，測定の不確かさも含め $100 \pm 1\,\Omega$ のように記録せよ)．

(3) 次に4端子法を用いて銅線の抵抗を測定する．4端子法 (図 14.1 (a)) は，銅線のように小さな抵抗でも正確に測ることができる方法である．図 14.1 (b) のように，配線せよ．

(4) 端子間の銅線の長さを記録せよ．

(5) 定電流源を用いて銅線に電流を流し (0.8 A)，そのときの電圧計の読みを記録せよ．電流の大きさを 0.6 A, 0.4 A, 0.2 A, 0.0 A と変えて同様の計測を繰り返し，図 14.1 (c) のように電流と電圧の関係をグラフにまとめよ．電源の使い方は「**5.3 電気回路と計器**」中の直流安定化電源の使用法を参照すること．

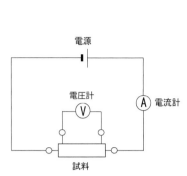

図 14.1(a) 4 端子法による抵抗測定の等価回路

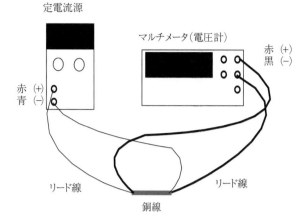

図 14.1(b) 4 端子法による銅線の抵抗測定

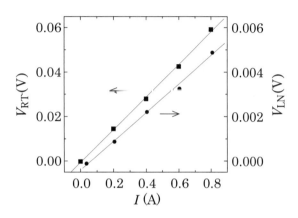

図 14.1(c) 銅線の電流と電圧の関係

(6) 液体窒素を実験用の小型容器に注ぐ (この作業は TA が行う).

(7) カーボン抵抗を液体窒素に浸し (指を液体窒素に入れないように注意せよ), (2) と同様にテスタを使って 77.4 K での抵抗値を測定せよ.

(8) 次に銅線の 77.4 K での抵抗を測定する. 銅線部分を液体窒素に浸し, (5) と同様の測定を行え. また, 電流と電圧の関係をグラフにまとめよ. このとき, グラフの傾きが水平に近くなるので常温のときとは電圧値とスケールを変えて, 右の縦軸に目盛を付けるとよい.

(課題) 銅線の電流 I と電圧 V の間には, オームの法則 $V \propto I$ が成立し, 図 14.1 (c) の直線の傾きから抵抗値 R を計算できる. 電流と電圧の関係を 1 次式 $V = RI + A$ とおき, それぞれのグラフから常温と 77.4 K での抵抗値 (グラフの傾き) を求めよ. 最小 2 乗法を用いて, R の不確かさを求めよ (p.17-19 参照).

(考察のヒント) 理想的には直線は原点を通る ($A = 0$) はずであるが, 実験条件によっては熱起電力の発生などの理由で直線が必ずしも原点を通らないことがある. 熱起電力の影響をなくすには, どのような測定をすればよいか考察せよ. また, 誤差の値が銅の励起電力で説明できるか調べてみよう.

(課題) 抵抗は抵抗率 $\rho(\Omega\,\mathrm{m})$ を用いて, $R(\Omega) = \rho l / A$ ($l\,(\mathrm{m})$：銅線の長さ, $A\,(\mathrm{m}^2)$：銅線の断面積) と書ける. この式から計算値と実験値とを比較せよ (銅の抵抗率は, 常温：$1.72\times10^{-8}(\Omega\,\mathrm{m})$, 77.4 K：$0.2\times10^{-8}(\Omega\,\mathrm{m})$, 断面は直径 $150\,\mu\mathrm{m}$ の円とする).

(考察のヒント) 銅線は金属, カーボン抵抗は半導体である. それぞれの抵抗値の温度変化から, どのような違いが観測されたか？ 抵抗率が温度 T のどのような関数で表されるか, 金属と半導体それぞ

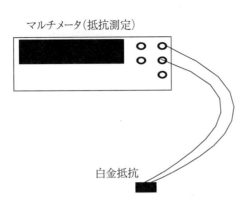

図 14.2(a) 白金抵抗の抵抗測定

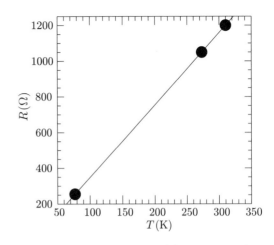

図 14.2(b) 白金抵抗の抵抗値と温度の関係

れの場合について調べ，レポートに考察を加えよ.

実験 2.　白金抵抗温度計

(1) 白金抵抗を温度計として利用するためには，温度と抵抗の関係を求める必要がある．マルチメータを 2 端子抵抗測定モードにし，図 14.2 (a) のように配線せよ.

(2) 白金抵抗を氷点 (273.1 K)，液体窒素温度 (77.4 K) において抵抗値を測定し，室温抵抗と温度の関係を図 14.2 (b) のようにグラフにまとめよ.

(課題) 本実験の温度範囲では，白金抵抗の温度 T と抵抗値 R の間には，1 次式 $R = aT + b$ が成り立っているものとする．測定結果より，係数 a, b を求めよ.

(考察のヒント) ここで，係数 a, b は，金属や試料に固有のものであるが，それぞれ何に依存しているか考察せよ.

実験 3.　高温超伝導

(1) 図 14.3 (a) のように試料台の穴に白金抵抗温度計を差し込む.

図 14.3(a) 実験の準備

マルチメータ(白金抵抗測定)

磁石
超伝導体
液体窒素
トレイ

図 14.3(b) 超伝導転移温度の測定

(2) 図 14.3 (b) のように配線する．次に試料台をトレイにセットし，超伝導体を試料台の上に置く．トレイに液体窒素を注ぎ超伝導体を冷却した後，磁石を超伝導体の上に置く．「磁気浮上」するのが見られるであろう．これは，マイスナー効果と磁束の「ピン止め効果」によるものとして説明される．

(3) トレイに液体窒素が少なくなると，徐々に温度が上昇する．磁石が浮上しなくなった時点における白金抵抗の抵抗値を記録せよ．

(課題) 実験 2 で求めた抵抗 − 温度の関係式を用いて温度に換算せよ (この温度を超伝導転移温度と呼ぶ)．ただし，不確かさは温度計の読み取り誤差から求める．

(注意) 本実験で用いた超伝導体は水分に対して弱く，劣化する．温度が上昇する過程で霜や水分が付くので，できるだけ早くドライヤーで水分を飛ばし，乾燥させること．

(考察のヒント) 本実験で用いた高温超伝導体 $YBa_2Cu_3O_7$ の超伝導転移温度は約 90 K である．実験で求めた温度と異なる場合，その誤差の原因は何か？ また，どのようにすれば改善されるか？

実験 4. 磁性

(1) 常温においてテルビウム (希土類元素の 1 つで元素記号 Tb) を磁石に近づけ，磁石に引き付けられるかどうかを見よ．

(2) Tb を液体窒素に入れ冷やす．ピンセットで Tb 実験用のフェライト磁石を近づけると，Tb が磁石に引き付けられることを確認せよ．

(3) Tb を液体窒素からピンセットで取り出し，室温に戻るのを待つ．室温に戻った後，図 14.4(a) のようにアルミホイルを使い白金抵抗温度計を Tb に固定せよ．

(4) 図 14.4(b) のように配線せよ．Tb を液体窒素で冷やした後，再び外に取り出し，(室温では引き付けられなかった) 磁石が Tb から離れる白金抵抗の値を記録せよ．

(課題) 実験 2 で求めた抵抗 − 温度の関係式を用いて温度に変換せよ (キュリー温度を求めよ)．

(注意) 磁石を緩衝材以外の場所に落とすと壊れるので注意すること．

(考察のヒント) 本実験で求めた Tb 金属のキュリー温度は約 221 K である．実測値との誤差の理由は何か？

　Tb が磁化するのは，原子内の電子スピンが，キュリー温度以下で秩序化する (スピンの向きがそろう) からである．キュリー温度は物質に依存するが，何がキュリー温度を決めているのだろうか？

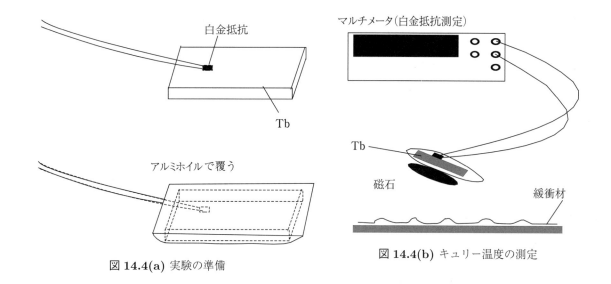

図 14.4(b) キュリー温度の測定

図 14.4(a) 実験の準備

レポートの考察

レポートの考察の箇所に，以下の問いの答えを記述せよ (2 つ以上の項目を選択すること).

このテーマにおいて液体窒素で冷やす場合に，物質と白金温度計の間の温度差は存在するか．どのようにすれば温度差はなくせるか.

[　　　]

マルチメータや定電流源までのリード線の抵抗，熱起電力，熱伝導などは考えなくてよいか.

[　　　]

室温，氷点，液体窒素温度でのみ白金抵抗温度計の較正を行ったが，どのくらいの精度で正しいのだろうか.

[　　　]

テルビウムのキュリー温度の実測値と理想値に違いがある場合，どのような要因が考えられるか.

[　　　]

4 端子法による銅線抵抗の測定ではマルチメータの電圧値を読むが，定電流源とマルチメータで表示される電圧の値は異なる．なぜ異なるのか.

[　　　]

白金抵抗温度計を使用する場合，マルチメータでもテスタでも同様に測定できるが，どちらのほうが今回の実験目的に適切か.

[　　　]

銅線やカーボン抵抗の抵抗値は温度によって変化するが，グラフで切片 A はゼロでない値をもつ．それはなぜか?

[　　　]

以下の自由課題から 1 つ以上選び調べよ.

電気抵抗

- テスタのように 2 端子法では金属のような小さい電気抵抗値を正確に測れない．「4 端子法」と比較することにより，この理由を考えよ．また，リード線の熱起電力の影響を差し引くためには，どうすればよいか考えよ.

- 銅線に限らず金属の電気抵抗は，一般的に常温から温度を下げると小さくなる．理由は何か？　さらに温度を下げ，絶対零度付近でも電気抵抗は下がり続けるだろうか.

- 金属・絶縁体・半導体の相違点をエネルギーバンドの観点から説明せよ.

白金抵抗温度計

- 白金抵抗以外のもので，低温で温度計として利用できるものを挙げ原理を説明せよ (たとえば，理想気体の圧力，半導体の抵抗，液体の蒸気圧が利用できないかを考えてみよう).

超伝導とマイスナー効果

- マイスナー効果，ピン止め効果について調べよ.

- 超伝導体が示す他の物性 (電気伝導性や熱伝導性など) について調べよ.

磁石と相転移

- Tb は室温では (あまり強くない) 磁石にはくっつかないが (これを常磁性体と呼ぶ)，キュリー温度以下では磁石に強くくっつく強磁性体になる．この温度による磁石の性質の違いには，原子磁石ともいうべき磁気モーメントが重要な役割を果たしている．温度変化すると Tb の中で磁気モーメントがどのように振る舞うか，定性的に説明せよ．

14.5　最近の進展

接合を用いた量子コンピュータ

　超伝導が巨視的な量子状態であることを示す最も顕著な現象は，2 つの超伝導体を接合したときに見られるジョセフソン効果である．超伝導体中の電子はクーパー対を形成し，1 つの量子状態に凝縮する (ボース・アインシュタイン凝縮)．そのとき，電子の波の位相が一斉に揃う．2 つの超伝導体の間に絶縁膜を挟んで接合をつくると (図 14.5 の左図)，位相差に合わせてトンネル電流が流れる (直流ジョセフソン効果)．そこに電圧をかけると，位相が連続的に変化し，交流が発信される．その周波数は高い精度で量子磁束と電圧に比例した値 (483.597 GHz/mV) を持つ．逆に，マイクロ波を入射すると，電圧が階段状に変化する．そのステップ幅は電圧の標準値として用いられる．

　ジョセフソン接合の並列回路をつくると (図 14.5 の右図)，二重スリットから出た光のように，超伝導の電子波の干渉が起こる．その中に磁束が変化すると，回路の電圧が敏感に変化する．これは超伝導量子干渉計 (SQUID) と呼ばれ，高感度の磁気センサとして利用されている．マイクロメートルスケールの SQUID 素子を用いた単一電子トランジスタは，超伝導量子ビットと呼ばれ，量子コンピュータの構成要素として注目されている．現在，Google 社は 72 量子ビットの超伝導量子コンピュータを作成する (2018 年) など，シリコンバレーで競争が激化している．

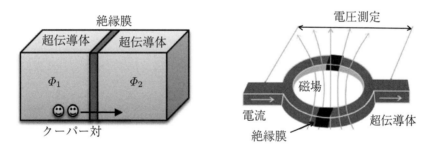

図 14.5 (左) 位相 Φ_1, Φ_2 を持つ超伝導体のジョセフソン接合には，トンネル電流 $J_c \sin(\Phi_1 - \Phi_2)$ が流れる．(右) 2 つのジョセフソン接合のループ中の磁場が変化すると，回路を発生する電圧が極めて敏感に応答する．

リニアモーターカー

　磁気浮上によって 500 km/h 以上の超高速で運行するリニア新幹線が品川—新大阪間で開通する予定であるが，今回実験で観測したマイスナー効果 (完全反磁性) による磁気浮上とは別物である．「リニア」とは，直線状に磁石を N-S 交互に並べ，その上を磁石が推進力を持って通過する仕組みである．電気抵抗がゼロである超伝導体は，強力な磁力を発生させる電磁石のコイルとして用いられている．超伝導磁石の製作には，線材加工，線材の接続，磁束のピン止めといった職人技が必要であり，日本でも高温超電導体 (YBCO) を用いた研究開発が精力的に行われている．現在用いられている超電導線の多くは Nb_3Sn や NbTi であり，希少資源である液体ヘリウム (4.2 K) を用いた冷却が必要である．医療用の MRI(磁気共鳴画像装置) も同様の超伝導電磁石が用いられている．そのため冷凍機を搭載する必要があり，膨大な消費電力とコストがかかる．これらの問題を解決するために，より臨界温度の高い超伝導体の材料開発が強く望まれている．

　現代社会で最も身近な磁石といえば，パソコンのハードディスクだろう．磁化の向き (N 極 S 極) を制御し，読み取る技術が高度情報化社会を支えている．素子の集積化に伴い，発熱による電力消費は増加する一方であり，新たな省電力デバイスの開発が求められている．近年注目されている有望な新原理が，磁化を直接電流や電圧によって制御するスピントロニクスである．ここでスピンとは，電子の自転の自由度であり，皆が同じ方向に回転している状態が強磁性 (いわゆる磁石) である．通常スピンの制御には強い磁場が必要であるが，ビスマスなどの重元素化合物の表面では，スピンと電場 (電流) が強く結合した現象が観測される．特に，散逸なしでスピンを移動させることができる物質が近年開発され，スピントロニクスは目覚しく進展しつつある．

14.6　参考書

「超伝導入門」M. ティンカム著，吉岡書店 (2012).

「磁性」久保健，田中秀数著，朝倉書店 (2008).

「スピン流とトポロジカル絶縁体：量子物性とスピントロニクスの発展」齊藤英治，村上修一著，共立出版 (2014).

付録

A　単位，記号

A.1　国際単位系 (SI)

　国際度量衡総会で採用され，使用が勧告されている単位系が，MKSA 単位系を基本にした国際単位系 (SI) である．この単位系は，現在，多くの自然科学の分野で最もよく用いられている．

SI 基本単位

　SI では，MKSA 単位系の基本単位に 3 つの単位を加えた 7 つの単位が基本単位として採用されている．

基本単位

長さ	メートル	m	熱力学的温度	ケルビン	K
質量	キログラム	kg	物質量	モル	mol
時間	秒	s	光度	カンデラ	cd
電流	アンペア	A			

物理量の単位： 固有の名称と SI 組立単位

　すべての量 (物質量) は基本 (物理) 量を組み合わせた組立量として記述でき，組立単位を単位として計量される．その組立単位は基本単位の積で定義される．SI は 22 の組立量に対してその単位の固有の名称と単位記号を認めている．これらは使用頻度が高い量の単位で基本単位の組み合わせによる表現よりはるかに簡単になる．

　実習に関連した物理量について，その固有の名称と記号，SI 組立単位による表現を表に示す．ここでは，SI 組立単位は，たとえば，$\mathrm{m \cdot kg \cdot s^{-2}}$ のように表したが，他の単位と混同しない場合には，「$\cdot$」を省略して $\mathrm{m\,kg\,s^{-2}}$，あるいは 「/」を用いて $\mathrm{m\,kg/s^2}$ と表してもよい．

　単位の記号は立体文字で印刷されることにも注意しよう．同じように，sin, cos, log などの演算記号も立体で表される．これに対し，いろいろな物理量の文字記号はイタリック文字で表される．

組立量	組立単位の名称	単位記号	基本単位による表現	他の SI 単位との関係
平面角	ラジアン	rad	$\mathrm{m\,m^{-1}} = 1$	
立体角	ステラジアン	sr	$\mathrm{m^2\,m^{-2}} = 1$	
周波数	ヘルツ	Hz	$\mathrm{s^{-1}}$	
力	ニュートン	N	$\mathrm{m\,kg\,s^{-2}}$	
圧力，応力	パスカル	Pa	$\mathrm{m^{-1}\,kg\,s^{-2}}$	$\mathrm{N\,m^{-2}}$
エネルギー，仕事，熱量	ジュール	J	$\mathrm{m^2\,kg\,s^{-2}}$	$\mathrm{N\,m}$
工率，放射束	ワット	W	$\mathrm{m^2\,kg\,s^{-3}}$	$\mathrm{J\,s^{-1}}$
電荷，電気量	クーロン	C	$\mathrm{s\,A}$	
電位差 (電圧)，起電力	ボルト	V	$\mathrm{m^2\,kg\,s^{-3}\,A^{-1}}$	$\mathrm{J\,C^{-1}} = \mathrm{W\,A^{-1}}$
静電容量	ファラド	F	$\mathrm{m^{-2}\,kg^{-1}\,s^4\,A^2}$	$\mathrm{C\,V^{-1}}$
電気抵抗	オーム	Ω	$\mathrm{m^2\,kg\,s^{-3}\,A^{-2}}$	$\mathrm{V\,A^{-1}}$
コンダクタンス	ジーメンス	S	$\mathrm{m^{-2}\,kg^{-1}\,s^3\,A^2}$	$\mathrm{\Omega^{-1}}$

量	名称	記号	SI基本単位による表現	他のSI単位による表現
磁束	ウェーバ	Wb	$\mathrm{m^2\,kg\,s^{-2}\,A^{-1}}$	$\mathrm{V\,s}$
磁束密度	テスラ	T	$\mathrm{kg\,s^{-2}\,A^{-1}}$	$\mathrm{Wb\,m^{-2}}$
インダクタンス	ヘンリー	H	$\mathrm{m^2\,kg\,s^{-2}\,A^{-2}}$	$\mathrm{Wb\,A^{-1}}$
セルシウス温度	セルシウス度	°C		K
光束	ルーメン	lm	$\mathrm{m^2\,m^{-2}\,cd = cd}$	$\mathrm{cd\,sr}$
照度	ルクス	lx	$\mathrm{m^2\,m^{-4}\,cd = m^{-2}\,cd}$	$\mathrm{m^{-2}\,cd}$
(放射性核種の) 放射能	ベクレル	Bq	$\mathrm{s^{-1}}$	$\mathrm{s^{-1}}$
吸収線量・カーマ	グレイ	Gy	$\mathrm{m^2\,s^{-2}}$	J/kg
(各種の) 線量当量	シーベルト	Sv	$\mathrm{m^2\,s^{-2}}$	J/kg
酵素活性	カタール	kat	$\mathrm{s^{-1}\,mol}$	

SI と併用されるが SI に属さない単位

時間	日，時間，分	d, h, min	$1\,\mathrm{d} = 24\,\mathrm{h},\ 1\,\mathrm{h} = 60\,\mathrm{min},\ 1\,\mathrm{min} = 60\,\mathrm{s}$
平面角	度，分，秒	°, ′, ″	$1° = \pi/180\,\mathrm{rad},\ 1° = 60',\ 1' = 60''$
体積	リットル	l, L	$1\,l = 10^{-3}\,\mathrm{m^3}$
質量	トン	t	$1\,\mathrm{t} = 10^3\,\mathrm{kg}$
比の対数	ネーパ	Np	$1\,\mathrm{Np} = 1$
	ベル	B	$1\mathrm{B} = \dfrac{1}{2}\ln 10(\mathrm{Np})$

特別な分野で SI と併用される単位

エネルギー	電子ボルト	eV	$1\,\mathrm{eV} = 1.602176462 \times 10^{-19}\,\mathrm{J}$
質量	原子質量単位	u	$1\,\mathrm{u} = 1.66053873 \times 10^{-27}\,\mathrm{kg}$

暫定的に維持される単位

長さ	オングストローム	Å	$1\,\text{Å} = 0.1\,\mathrm{nm} = 10^{-10}\,\mathrm{m}$
重力加速度	ガル	Gal	$1\,\mathrm{Gal} = 1\,\mathrm{cm/s^2} = 10^{-2}\,\mathrm{m/s^2}$
放射能	キュリー	Ci	$1\,\mathrm{Ci} = 3.7 \times 10^{10}\,\mathrm{Bq}$
吸収線量	ラド	rad	$1\,\mathrm{rad} = 10^{-2}\,\mathrm{Gy}$
線量当量	レム	rem	$1\,\mathrm{rem} = 10^{-2}\,\mathrm{Sv}$

A.2 CGS 単位系，その他の単位

特別な分野や物理量については，現在でも，SI 以外の単位系として，CGS 単位系の単位が使用されていることも多い．しかし，電磁気の単位については特に注意が必要であり，一般に，電磁気の単位を含む数値の計算を行う場合には，すべての量をいったん MKSA 単位で表してから計算を行うのがよい．CGS 単位系の単位のうち実習に関連したものを挙げておく．

CGS-ガウス単位系

長さ	センチメートル	cm	$1\,\mathrm{cm} = 10^{-2}\,\mathrm{m}$
質量	グラム	g	$1\,\mathrm{g} = 10^{-3}\,\mathrm{kg}$
力	ダイン	dyn	$1\,\mathrm{dyn} = 10^{-5}\,\mathrm{N}$
エネルギー	エルグ	erg	$1\,\mathrm{erg} = 10^{-7}\,\mathrm{J}$
密度		$\mathrm{g\cdot cm^{-3}}$	$1\,\mathrm{g\cdot cm^{-3}} = 10^{3}\,\mathrm{kg\cdot m^{-3}}$
電気量	静電単位	esu	$1\,\mathrm{esu} = 1/(2.99792485\times10^{9})\,\mathrm{C}$
磁束密度	ガウス	G, Gs	$1\,\mathrm{G} = 10^{-4}\,\mathrm{T}$
磁場の強さ	エルステッド	Oe	$1\,\mathrm{Oe} = 10^{3}/(4\pi)\,\mathrm{A\cdot m^{-1}}$
磁束	マクスウェル	Mx	$1\,\mathrm{Mx} = 10^{-8}\,\mathrm{Wb}$

その他の単位 (SI と併用しない方がよい)

長さ	ミクロン	μ	$1\,\mu = 1\,\mu\mathrm{m} = 10^{-6}\,\mathrm{m}$
圧力	標準大気圧	atm	$1\,\mathrm{atm} = 1.01325\times10^{5}\,\mathrm{Pa}$
熱量	カロリー	cal	$1\,\mathrm{cal} = 4.1868\,\mathrm{J}$

A.3　10 の整数乗の名称と記号

	読み方		記号		読み方		記号
10^{-12}	ピコ	pico	p	10	デカ	deca	da
10^{-9}	ナノ	nano	n	10^{2}	ヘクト	hecto	h
10^{-6}	マイクロ	micro	μ	10^{3}	キロ	kilo	k
10^{-3}	ミリ	milli	m	10^{6}	メガ	mega	M
10^{-2}	センチ	centi	c	10^{9}	ギガ	giga	G
10^{-1}	デシ	deci	d	10^{12}	テラ	tera	T

A.4　ギリシャ文字

大文字	小文字	読み方		大文字	小文字	読み方	
A	α	アルファ	alpha	N	ν	ニュー	nu
B	β	ベータ	beta	Ξ	ξ	グザイ (クシー)	xi
Γ	γ	ガンマ	gamma	O	o	オミクロン	omicron
Δ	δ	デルタ	delta	Π	π	パイ	pi
E	$\varepsilon\,(\epsilon)$	イプシロン	epsilon	P	ρ	ロー	rho
Z	ζ	ジータ (ツェータ)	zeta	Σ	σ	シグマ	sigma
H	η	イータ	eta	T	τ	タウ	tau
Θ	θ	シータ	theta	Υ	υ	ウプシロン	upsilon
I	ι	イオタ	iota	Φ	$\phi\,(\varphi)$	ファイ	phi
K	κ	カッパ	kappa	X	χ	カイ	chi
Λ	λ	ラムダ	lambda	Ψ	ψ	プサイ	psi
M	μ	ミュー	mu	Ω	ω	オメガ	omega

B　物理基礎定数

真空中の光の速さ	c, c_0	2.99792458×10^8	$\mathrm{m \cdot s^{-1}}$
プランク定数	h	$6.62606876 \times 10^{-34}$	$\mathrm{J \cdot s}$
アボガドロ定数	N_A, L	$6.02214199 \times 10^{23}$	$\mathrm{mol^{-1}}$
原子質量単位	m_u	$1.66053873 \times 10^{-27}$	kg
万有引力定数	G	6.673×10^{-11}	$\mathrm{m^3 \cdot kg^{-1} \cdot s^{-2}}$
真空の透磁率	μ_0	$4\pi \times 10^{-7}$	$\mathrm{H \cdot m^{-1} = N \cdot A^{-2}}$
真空の誘電率	ε_0	$8.854187817 \times 10^{-12}$	$\mathrm{F \cdot m^{-1} = N^{-1} \cdot m^{-2} \cdot C^2}$
電気素量	e	$1.602176462 \times 10^{-19}$	C
ファラデー定数	F	9.64853415×10^4	$\mathrm{C \cdot mol^{-1}}$
ボーア磁子	μ_B	$9.27400899 \times 10^{-24}$	$\mathrm{J \cdot T^{-1}}$
電子の静止質量	m_e	$9.10938188 \times 10^{-31}$	kg
電子の比電荷	e/m_e	$1.75882017 \times 10^{11}$	$\mathrm{C \cdot kg^{-1}}$
古典電子半径	r_e	$2.817940285 \times 10^{-15}$	m
電子のコンプトン波長	λ_c	$2.426310215 \times 10^{-12}$	m
陽子の静止質量	m_p	$1.67262158 \times 10^{-27}$	kg
中性子の静止質量	m_n	$1.67492716 \times 10^{-27}$	kg
リュードベリ定数	R_∞	$1.0973731568549 \times 10^7$	$\mathrm{m^{-1}}$
ボーア半径	a_0	$5.291772083 \times 10^{-11}$	m
気体定数	R	8.314472	$\mathrm{J \cdot mol^{-1} \cdot K^{-1}}$
標準状態理想気体の体積	V_m	22.413996	$\mathrm{l \cdot mol^{-1}}$
ボルツマン定数	k, k_B	$1.3806503 \times 10^{-23}$	$\mathrm{J \cdot K^{-1}}$

これらの物理基礎定数は，CODATA (The Committee on Data for Science and Technology of the International Council of Scientific Unions) による 1998 年の調整値 (http://physics.nist.gov/cuu/Constants/index.html) から抜粋したものである．

参考文献

(1) 物理学辞典編集委員会編：物理学辞典 改訂版 (培風館)
(2) 長倉三郎，井口洋夫，江沢 洋，岩村秀，佐藤文隆，久保亮伍 編：岩波 理化学辞典 第 5 版 (岩波書店)
(3) 物理学大辞典編集委員会編：物理学大辞典 [原著：McGraw-Hill Encyclopedia of Physics] (丸善)

C 間接測定における不確かさ

C.1 間接測定における不確かさの伝播

実験をする場合に，求めたい物理量が直接測定可能な場合は極めて稀で，多くの場合には複数個の物理量 $x, y, z, \cdots$ を測定した後に，それらの関数として目的とする物理量 $A = f(x, y, z, \cdots)$ を計算する．これを間接測定という．間接測定の計算法と結果の表し方を，簡単化のため 3 個の物理量 x, y, z の場合を例として示そう．

説明の都合上，個々の測定の組 (x_i, y_i, z_i) に対して，物理量 A_i が 1 つ決まると考えよう（$i = 1 \sim$ 測定回数）．それぞれの測定値の平均からのずれを $\delta x_i \equiv x_i - \langle x \rangle$, $\delta y_i \equiv y_i - \langle y \rangle$, $\delta z_i \equiv z_i - \langle z \rangle$ とすると，個々の測定の組に対して 1 つの δA_i を決めることができる．

$$\delta A_i \equiv f(\langle x \rangle + \delta x_i, \langle y \rangle + \delta y_i, \langle z \rangle + \delta z_i) - f(\langle x \rangle, \langle y \rangle, \langle z \rangle) \approx \frac{\partial f}{\partial x} \delta x_i + \frac{\partial f}{\partial y} \delta y_i + \frac{\partial f}{\partial z} \delta z_i$$

残差 δA_i は正負の値をとり，その平均は 0 であるので，残差の大きさとしてその 2 乗を用いる．

$$
\begin{aligned}
\delta A_i{}^2 &= \left(\frac{\partial f}{\partial x} \delta x_i + \frac{\partial f}{\partial y} \delta y_i + \frac{\partial f}{\partial z} \delta z_i \right)^2 \\
&= \left(\frac{\partial f}{\partial x} \right)^2 \delta x_i{}^2 + \left(\frac{\partial f}{\partial y} \right)^2 \delta y_i{}^2 + \left(\frac{\partial f}{\partial z} \right)^2 \delta z_i{}^2 \\
&\quad + 2 \left(\frac{\partial f}{\partial x} \right) \left(\frac{\partial f}{\partial y} \right) \delta x_i \delta y_i + 2 \left(\frac{\partial f}{\partial x} \right) \left(\frac{\partial f}{\partial z} \right) \delta x_i \delta z_i + 2 \left(\frac{\partial f}{\partial y} \right) \left(\frac{\partial f}{\partial z} \right) \delta y_i \delta z_i
\end{aligned}
$$

全測定に対して平均をとると，

$$
\begin{aligned}
\langle \delta A_i{}^2 \rangle &= \frac{\sum\limits_{i=1}^{N} \delta A_i{}^2}{n} \\
&= \left(\frac{\partial f}{\partial x} \right)^2 \frac{\sum\limits_{i=1}^{n} \delta x_i{}^2}{n} + \left(\frac{\partial f}{\partial y} \right)^2 \frac{\sum\limits_{i=1}^{n} \delta y_i{}^2}{n} + \left(\frac{\partial f}{\partial z} \right)^2 \frac{\sum\limits_{i=1}^{n} \delta z_i{}^2}{n} \\
&\quad + 2 \left(\frac{\partial f}{\partial x} \right) \left(\frac{\partial f}{\partial y} \right) \frac{\sum\limits_{i=1}^{n} \delta x_i \delta y_i}{n} + 2 \left(\frac{\partial f}{\partial x} \right) \left(\frac{\partial f}{\partial z} \right) \frac{\sum\limits_{i=1}^{n} \delta x_i \delta z_i}{n} + 2 \left(\frac{\partial f}{\partial y} \right) \left(\frac{\partial f}{\partial z} \right) \frac{\sum\limits_{i=1}^{n} \delta y_i \delta z_i}{n}
\end{aligned}
$$

ここで，右辺第 4 項以下のクロス項（$\delta x_i \delta y_i$ など）は，x, y, z に相関がなく，$\delta x_i, \delta y_i, \delta z_i$ それぞれが 0 を中心に完全にランダムに変化するならば正負相殺して 0 となると考えられる．この結果，上の式は簡単になり，

$$
\begin{aligned}
\langle \delta A_i{}^2 \rangle &= \frac{\sum\limits_{i=1}^{N} \delta A_i{}^2}{n} \\
&= \left(\frac{\partial f}{\partial x} \right)^2 \frac{\sum\limits_{i=1}^{n} \delta x_i{}^2}{n} + \left(\frac{\partial f}{\partial y} \right)^2 \frac{\sum\limits_{i=1}^{n} \delta y_i{}^2}{n} + \left(\frac{\partial f}{\partial z} \right)^2 \frac{\sum\limits_{i=1}^{n} \delta z_i{}^2}{n} \\
&= \left(\frac{\partial f}{\partial x} \right)^2 \langle \delta x^2 \rangle + \left(\frac{\partial f}{\partial y} \right)^2 \langle \delta y^2 \rangle + \left(\frac{\partial f}{\partial z} \right)^2 \langle \delta z^2 \rangle
\end{aligned}
$$

ここで，$\delta A \equiv \sqrt{\langle \delta A^2 \rangle}$, $\delta x \equiv \sqrt{\langle \delta x^2 \rangle}$, $\delta y \equiv \sqrt{\langle \delta y^2 \rangle}$, $\delta z \equiv \sqrt{\langle \delta z^2 \rangle}$ として，前に用いた次式を得る．

$$\delta A^2 = \left| \frac{\partial f}{\partial x} \right|^2 \delta x^2 + \left| \frac{\partial f}{\partial y} \right|^2 \delta y^2 + \left| \frac{\partial f}{\partial z} \right|^2 \delta z^2$$

C.2 平均値につく不確かさ

x の複数回測定によって得られる平均値 $\langle x \rangle$ につく不確かさについて，不確かさの伝播の観点から考察する．

$$\langle x \rangle = \frac{1}{n}\sum_{i=1}^{n} x_i \equiv f(x_1, x_2, \cdots, x_n)$$

である．x_i をそれぞれ独立な測定量と考えると，C.1 で示した不確かさの伝播の式および (4.3) 式より $\delta x_i{}^2 = \sigma^2$ であることを使うと

$$s \equiv \delta\langle x \rangle = \sqrt{\sum_{i=1}^{n} \left(\frac{\partial f}{\partial x_i}\right)^2 \delta x_i{}^2} = \sqrt{\sum_{i=1}^{n} \left(\frac{1}{n}\right)^2 \delta x_i{}^2} = \frac{\sigma}{\sqrt{n}} = \sqrt{\frac{\sum_{i=1}^{n}(x_i - \langle x \rangle)^2}{n(n-1)}}$$

となって，(4.5) 式が導かれる．

C.3 相対不確かさの関係式

関数形 f が変数のべき乗の積である場合には，測定値の不確かさと平均値との比である "相対不確かさ" の考え方が便利である．相対不確かさは無次元の数値となる．直接測定量 x, y, z との相対不確かさは，

$$\frac{\delta x}{\langle x \rangle}, \frac{\delta y}{\langle y \rangle}, \frac{\delta z}{\langle z \rangle}$$

間接測定の結果についても，不確かさ δA と平均値 $\langle A \rangle$ との比 $\delta A/\langle A \rangle$ を物理量 A の相対不確かさという．

$$f = cx^l y^m z^n \quad (c, l, m, n \text{ は } 0 \text{ でない定数})$$

$$\delta A^2 = \left(cl\langle x \rangle^{l-1}\langle y \rangle^m\langle z \rangle^n\right)^2 \delta x^2 + \left(cm\langle x \rangle^l\langle y \rangle^{m-1}\langle z \rangle^n\right)^2 \delta y^2 + \left(cn\langle x \rangle^l\langle y \rangle^m\langle z \rangle^{n-1}\right)^2 \delta z^2$$

$$\langle A \rangle = c\langle x \rangle^l\langle y \rangle^m\langle z \rangle^n$$

$$\therefore \left(\frac{\delta A}{\langle A \rangle}\right)^2 = \left(l\frac{\delta x}{\langle x \rangle}\right)^2 + \left(m\frac{\delta y}{\langle y \rangle}\right)^2 + \left(n\frac{\delta z}{\langle z \rangle}\right)^2$$

A の相対不確かさの 2 乗は，x, y, z それぞれの相対不確かさにべき指数を掛けて 2 乗したものの和となる．

C.4 有効数字の考え方

関数形 f が 2 変数の和や差の場合の有効数字の考え方は，前章の「有効数字の桁数だけで大まかに不確かさを扱う方法」で説明した．上のように関数形 f がべき乗の積である場合の有効数字の考え方は，相対不確かさの考え方に基づいている．

$$\left(\frac{\delta A}{\langle A \rangle}\right)^2 = \left(l\frac{\delta x}{\langle x \rangle}\right)^2 + \left(m\frac{\delta y}{\langle y \rangle}\right)^2 + \left(n\frac{\delta z}{\langle z \rangle}\right)^2$$

で，l, m, n の値がほぼ同じ場合を考えると，x, y, z それぞれの相対不確かさが問題となる．他方，たとえば "有効数字が 3 桁である" ということは，最確値が 100 から 999 までの数字で，不確かさが少なくとも 1 程度であるから，その相対不確かさは 1/100 ないし 1/1000 である．ごく荒っぽく評価して，相対不確かさを 1/500 としよう．同じように考えれば，"有効数字が 2 桁である" ということは相対不確かさが 1/50 であり，"有効数字が 4 桁である" ということは相対不確かさが 1/5000 であると考えられる．したがって，有効数字の桁数が 1 桁小さければ，相対不確かさが 1 桁大きいことを意味し，結局，有効数字の桁数が最

も小さい (最も不確かさが大きい) 測定値の有効数字の桁数で, 結果の有効数字の桁数が決定されることになる. これが関数形 f がべき乗の積である場合の有効数字の考え方の基礎である.

この考え方から, x, y, z の有効数字の桁数を一致させることは, それぞれの相対不確かさをほぼ等しくすることとなり, べき乗の積である量を求める場合には, 効率がよい測定法になることもわかる.

C.5　2つの測定量の差と有効数字の桁数

$A = f(x, y) = x - y$ なら, $\{\delta f(x, y)\}^2 = \delta x^2 + \delta y^2$ となる. 一般に $f(\langle x \rangle, \langle y \rangle) = \langle x \rangle - \langle y \rangle$ の有効数字の桁数は, $\langle x \rangle$ や $\langle y \rangle$ の有効数字の桁数に比べて, 小さくなることがあるので注意する必要がある. 以下にその具体例を挙げて示す.

例 1　2つの測定値の差における有効数字の桁数の減少

$$\langle T_1 \rangle = 108 \text{ m } 47.950 \text{ s}, \quad \langle T_2 \rangle = 108 \text{ m } 48.143 \text{ s}, \quad \delta T_1 = \delta T_2 = 0.005 \text{ s}$$

について, $T_2 - T_1$ を求めよ.

$$A = T_2 - T_1$$
$$\langle T_2 \rangle = 108 \text{ m } 48.143 \text{ s} = 6528.143 \text{ s}, \quad \langle T_1 \rangle = 108 \text{ m } 47.950 \text{ s} = 6527.950 \text{ s}$$
$$\langle A \rangle = \langle T_2 \rangle - \langle T_1 \rangle = 0.193 \text{ s}$$
$$\delta A^2 = \delta T_1{}^2 + \delta T_2{}^2 = (0.005^2 + 0.005^2)$$

これより

$$A = 0.193 \pm 0.007 \text{ s}$$

$\langle T_2 \rangle, \langle T_1 \rangle$ の相対不確かさは 8×10^{-7} ときわめて小さいにもかかわらず, 結果の相対不確かさは 4 % にもなる. 最初の x や y の測定の有効数字が 6 桁であっても, 結果の値の有効数字は 3 桁になってしまう.

D　初等関数と微分積分

　この指針の内容に関連した初等関数である，代数関数，三角関数，逆三角関数，指数関数，対数関数について，定義，記号法，微分，積分の公式などを要約して述べる．

D.1　初等関数と記号法

代数関数

　係数が x の多項式である y に関する代数方程式を満足する $y = f(x)$ を代数関数という．特に，$y^n - x = 0$ (n は正整数) を満たす代数関数は，$y = x^{\frac{1}{n}}$，あるいは $y = \sqrt[n]{x}$ と表される．このとき，x が実数であっても，y を複素数まで考慮すれば，$y = x^{\frac{1}{n}}$ は n 個の解 $y = |x|^{\frac{1}{n}} \exp\left(\dfrac{2\pi i}{n}k\right)$，$k = 0, 1, 2, \cdots, n-1$ を意味するが，この指針では，$y = x^{\frac{1}{n}} = \sqrt[n]{x}$ は，$x > 0$，$y > 0$ の場合に限るものとする．同様に，$y = \left(x^{\frac{1}{n}}\right)^m = (x^m)^{\frac{1}{n}}$ を $y = x^{\frac{m}{n}} = \sqrt[n]{x^m}$，$y = \left(x^{\frac{m}{n}}\right)^{-1}$ を $y = x^{-\frac{m}{n}}$ と表す．

三角関数と逆三角関数

(1) 三角関数と角度の単位

　　三角関数 $\sin x$，$\cos x$，$\tan x$ などの角度を表す変数 x は，特に単位を付けない場合には，ラジアン (rad) 単位の数値を表す．三角関数の微分，積分や逆三角関数の公式などは，このラジアン単位で表された変数値，関数値の関係である．

　　しかし，測定機器の目盛や三角関数の数値計算などでは，角度の単位として，「度」単位，あるいは「度・分・秒」単位で表すことが便利な場合も多い．ラジアンと度，分，秒との関係は，次のように与えられる．

$$\pi = 3.145926535897932$$
$$1\,\mathrm{rad} = \frac{180°}{\pi} = 57.29577951°$$
$$1° = 1.745329252 \times 10^{-2}\,\mathrm{rad}$$
$$1' = \frac{1}{60}° = 2.908882087 \times 10^{-4}\,\mathrm{rad} \tag{D.1}$$

(2) 逆三角関数

　　任意に与えられた x $(-1 \leqq x \leqq 1)$ に対し，$\sin y = x$ となる y を $y = \arcsin x$，あるいは $y = \sin^{-1}x$ と表す．ここで，$\sin y$ は 2π を周期とする周期関数であり，x が与えられたとき，$\sin y = x$ となる y は無数に存在する．このように1つの変数値に対して多くの関数値が対応する関数を多価関数という．y を $-\dfrac{\pi}{2} \leqq y \leqq \dfrac{\pi}{2}$ に限定すれば，$y = \arcsin x$ として1つの値が定まる．この値を $y = \arcsin x$ の主値といい，$y = \mathrm{Arcsin}\,x$ で表す．$y = \mathrm{Arcsin}\,x$ は $x = \sin y$ の逆関数である．

　　同様に，$\cos y = x$，$\tan y = x$ となる関数を，それぞれ $y = \arccos x$ $(-1 \leqq x \leqq 1)$，$y = \arctan x$ $(-\infty < x < \infty)$，あるいは $\cos^{-1}x$，$\tan^{-1}x$ と表す．また，$y = \arccos x$ を $0 \leqq y \leqq \pi$ に，$y = \arctan x$ を $-\dfrac{\pi}{2} \leqq y \leqq \dfrac{\pi}{2}$ に限定した値を主値といい，$y = \mathrm{Arccos}\,x$，$y = \mathrm{Arctan}\,x$ で表す．これらの三角関数の逆関数を総称して逆三角関数とよぶ．

　　電卓で計算するとき表示される $\sin^{-1}x$，$\cos^{-1}x$，$\tan^{-1}x$ の関数値はこの主値である．

指数関数と対数関数

(1) 自然対数の底と指数関数

$$e = \lim_{n \to \infty} \left(1 + \frac{1}{n}\right)^n = \sum_{n=0}^{\infty} \frac{1}{n!} \tag{D.2}$$

で定義される e を自然対数の底という．e の 16 桁までの値は

$$e = 2.718281828459045 \tag{D.3}$$

で与えられる．このとき，$-\infty < x < \infty$ に対し，$f(x) = e^x$ で定義される関数 f を指数関数という．

また，自然対数の底 e の代わりに，任意の正の定数 $a \neq 1$ について定義された関数 $f(x) = a^x$ を a を底とする指数関数という．

(2) 対数関数

$x = \exp y$ を満たす関数 y，すなわち指数関数の逆関数を対数関数といい，$y = \log x$ と表す．特に e を底とする対数であることを示すときには，$y = \log_e x$ と書く．

また，正の定数 $a \neq 1$ を底とする指数関数 $x = a^y$ の逆関数を a を底とする対数関数といい，$y = \log_a x$ と表す．底が 10 である対数 $\log_{10} x$ は，常用対数とよばれ，数値計算に用いられることも多い．自然対数と常用対数との関係は，次の関係で与えられる．

$$\log_{10} x = \frac{\log_e x}{\log_e 10}$$
$$\log_{10} e = 0.434294481903252$$
$$\log_e 10 = 2.3025850929940 \tag{D.4}$$

(3) 記号法について

指数関数 e^x は，印刷の便宜のため，$\exp x$ と表すことがある．対数 $\log x$ は，通常，自然対数 $\log_e x$ を表す．常用対数は $\log_{10} x$ と書く．しかし，常用対数を単に $\log x$ と書き，自然対数は $\ln x$ と表すこともしばしばある．

双曲線関数と逆双曲線関数

(1) 双曲線関数

次の式で定義される関数を総称して双曲線関数という．

$$\cosh x = \frac{e^x + e^{-x}}{2}$$
$$\sinh x = \frac{e^x - e^{-x}}{2}$$
$$\tanh x = \frac{\sinh x}{\cosh x} \tag{D.5}$$

(2) 逆双曲線関数

双曲線関数の逆関数を逆双曲線関数という．たとえば，$\sinh y = x$ となる y を $y = \operatorname{arcsinh} x$ あるいは $y = \sinh^{-1} x$ と表す．$y = \operatorname{arcsinhyp} x$ と表すこともある．逆双曲線関数は対数関数を用いて次のように表される．

$$\operatorname{arccosh} x = \pm \log\left(x + \sqrt{x^2 - 1}\right) \quad (x > 1)$$
$$\operatorname{arcsinh} x = \log\left(x + \sqrt{x^2 + 1}\right)$$
$$\operatorname{arctanh} x = \frac{1}{2} \log \frac{1+x}{1-x} \qquad (|x| < 1) \tag{D.6}$$

D.2 微分，積分の公式

関数	導関数	不定積分
x^n	$n\,x^{n-1}$	$\begin{cases} \dfrac{1}{n+1}x^{n+1} & (n \neq -1) \\[2mm] \log|x| & (n = -1) \end{cases}$
$\sin ax$	$a \cos ax$	$-\dfrac{1}{a}\cos ax$
$\cos ax$	$-a \sin ax$	$\dfrac{1}{a}\sin ax$
$\tan ax$	$a \sec^2 ax$	$-\dfrac{1}{a}\log|\cos ax|$
$\exp ax$	$a \exp ax$	$\dfrac{1}{a}\exp ax$
$\dfrac{1}{\sqrt{a^2-x^2}}$		$\sin^{-1}\dfrac{x}{a}$
$\dfrac{1}{\sqrt{a^2+x^2}}$		$\log\left(x+\sqrt{a^2+x^2}\right)$

$$\tag{D.7}$$

参考文献

(1) 森口繁一，宇田川銈久，一松 信著： 数学公式 I，II(岩波全書)

(2) 日本数学会編集： 岩波 数学辞典 第 3 版 (岩波書店)

E 微分方程式の解法と例

　物理学では，さまざまな法則が微分方程式の形で表現される．たとえば，力学における基本法則である運動方程式は時間を変数とする 2 階の常微分方程式である．一方，電磁場を表すマクスウェル方程式，弦や固体の振動，流体の運動，熱伝導などは，座標と時間を変数とする偏微分方程式で表される．さらに，量子力学におけるシュレディンガー方程式も偏微分方程式である．

　本実習における実験テーマのなかにも，測定原理を理解する上で微分方程式の知識を必要とするものがある．微分方程式については，力学，電磁気学でも学習するが，以下に，物理学実験の授業に関連した事項を要約して述べる．式を導く過程の詳細を勉強したいときには，たとえば，この付録の文末に挙げた微分方程式に関する参考書などを参照してほしい．

E.1 微分方程式についての用語

常微分方程式

　変数 x，x の未知関数 $y = y(x)$，その導関数 y'，y''，$\cdots$，$y^{(n)}$ を含む方程式を常微分方程式という．このとき，導関数の最高階数が n であれば，n 階常微分方程式という．変数 x，複数の未知関数，それらの導関数を含む連立方程式は，連立常微分方程式という．ここでは，常微分方程式だけを扱うので，単に微分方程式といえば常微分方程式を指すものとする．n 階常微分方程式で，最高階数の導関数 $y^{(n)}$ について解けた形の微分方程式を正規形という．

n 階線形微分方程式

　未知関数 y とその導関数 y'，y''，$\cdots$，$y^{(n)}$ について 1 次式だけを含む微分方程式

$$y^{(n)} + a_1(x)y^{(n-1)} + \cdots + a_{n-1}(x)y' + a_n(x)y = b(x) \tag{E.1}$$

を線形微分方程式といい，特に，$b(x) \equiv 0$ の場合を同次 (斉次) 線形微分方程式，$b(x) \neq 0$ の場合を非同次 (非斉次) 線形微分方程式という．線形でない微分方程式を非線形微分方程式という．

一般解と特解

　微分方程式を満たす関数をその微分方程式の解という．このうち，いくつかの任意の定数を含み微分方程式の解全体を表す解を一般解という．n 階常微分方程式の場合，一般解は n 個の任意定数を含む．微分方程式の一般解の任意定数に特定な値を入れた解を特解，あるいは特殊解という．

E.2 最も簡単な微分方程式，不定積分と変数分離型

　この実験指針のいろいろな実験テーマで現れる微分方程式の多くは，最終的には，次の 2 つの形の積分に帰着されるものである．

(1) 不定積分 (原始関数)

$$\frac{dy}{dx} = f(x), \qquad y = \int f(x)\,dx + C \tag{E.2}$$

(2) 変数分離型微分方程式

$$\frac{dy}{dx} = f(x)g(y), \qquad \int \frac{dy}{g(y)} = \int f(x)\,dx + C \tag{E.3}$$

この積分を実行した後，y について解くことができれば，未知関数 y が求められる．

E.3 定係数線形常微分方程式

力学，電磁気学の講義やこの実習 (物理学実験) で最もよく現れる微分方程式に，定係数の線形微分方程式がある．次に，その代表的な例と解を挙げる．

(1) 同次 1 階微分方程式

$$\frac{\mathrm{d}y}{\mathrm{d}x} + ky = 0, \qquad y = C\exp\left(-kx\right) \tag{E.4}$$

これは，(E.3) 式の変数分離型でもある．この形の微分方程式は，たとえば，次のようなさまざまな物理現象を表す微分方程式として現れる．

 (a) 速度に比例した抵抗力がはたらく質点の運動

 (b) 抵抗，コンデンサを接続した RC 回路におけるコンデンサの放電

 (c) 放射性原子核の崩壊 [関連実験テーマ：放射能の測定]

 (d) 物質による放射線の吸収 [関連実験テーマ：放射能の測定]

(2) 非同次 1 階微分方程式

$$\frac{\mathrm{d}y}{\mathrm{d}x} + ky = f(x), \qquad y = \exp\left(-kx\right)\left[\int f(x)\exp\left(kx\right)\mathrm{d}x + C\right] \tag{E.5}$$

この微分方程式の解は，$y = c(x)\exp\left[-kx\right]$ とおいて，c についての微分方程式を解き，

$$\frac{\mathrm{d}c}{\mathrm{d}x} = f(x)\exp\left[kx\right], \qquad c = \int f(x)\exp\left[kx\right]\mathrm{d}x + C \tag{E.6}$$

から得られる．解の第 1 項は微分方程式の特解，第 2 項は $f(x) \equiv 0$ の場合の一般解である．この形の微分方程式は，(E.2) 式と関連して，たとえば，次の現象を記述するときに現れる．

 (a) 一様な重力と速度に比例する抵抗力がはたらく質点の落下運動 ($f(x)$ が定数の場合)

 (b) 抵抗，コンデンサと電池を接続した RC 回路におけるコンデンサの充電 ($f(x)$ が定数の場合)

 (c) 正弦電圧に対する RC 回路の応答 (周波数特性) ($f(x)$ が三角関数の場合) [関連実験テーマ：オシロスコープ]

 (d) 放射性原子核の逐次崩壊 ($f(x)$ が指数関数の場合) [関連実験テーマ：放射能の測定]

(3) 同次 2 階微分方程式 1

$$\frac{\mathrm{d}^2 y}{\mathrm{d}x^2} + k^2 y = 0, \qquad y = A\sin\left(kx\right) + B\cos\left(kx\right) \tag{E.7}$$

$$\frac{\mathrm{d}^2 y}{\mathrm{d}x^2} - k^2 y = 0, \qquad y = A\exp\left(kx\right) + B\exp\left(-kx\right) \tag{E.8}$$

2 式のうち，前者の形の微分方程式は，x を時間とすれば単振動の運動方程式であり，物理学では，振動・波動に関連したあらゆる分野で現れるきわめて重要な微分方程式である．上に与えた解が一般解であることは，$\sin x$, $\cos x$ がそれぞれ微分方程式を満たす 1 次独立な関数であり，解が 2 つの任意の積分定数を含むことからもわかる．前者の形の微分方程式は，たとえば，次の現象を記述するときに現れる．

 (a) ばね振子の運動

 (b) 単振子の微小振動，剛体振子の微小振動 [関連実験テーマ：重力加速度]

 (c) コイルとコンデンサを接続した LC 回路の電気的振動

後者の形の微分方程式は，前者の微分方程式から $k \to ik$ と複素数に置き換えることによって得られ，互いに関係が深い．これらの 2 つの形の微分方程式の解を求めることは最終的には $1/\sqrt{a^2 \pm x^2}$ の積分に帰着される (D.7) 式を参照).

(4) 同次 2 階微分方程式 2

$$\frac{\mathrm{d}^2 y}{\mathrm{d}x^2} + 2a\frac{\mathrm{d}y}{\mathrm{d}x} + b^2 y = 0 \tag{E.9}$$

この微分方程式は，$y = p(x)\exp[-ax]$ とおいて，p についての微分方程式に変換すれば，

$$\frac{\mathrm{d}^2 p}{\mathrm{d}x^2} - \left(a^2 - b^2\right)p = 0 \tag{E.10}$$

となり，(E.7), (E.8) 式の形の微分方程式に変換される．したがって，次の解が得られる．

$$
\begin{aligned}
a^2 - b^2 < 0 \quad & y = \exp\left(-ax\right)\left[A\sin\left(\sqrt{b^2 - a^2}x\right) + B\cos\left(\sqrt{b^2 - a^2}x\right)\right] \\
a^2 - b^2 = 0 \quad & y = \exp\left(-ax\right)[A + Bx] \\
a^2 - b^2 > 0 \quad & y = \exp\left(-ax\right)\left[A\exp\left(\sqrt{a^2 - b^2}x\right) + B\exp\left(-\sqrt{a^2 - b^2}x\right)\right]
\end{aligned} \tag{E.11}
$$

この形の微分方程式も，次のような抵抗を含む振動現象を表し，(E.7), (E.8) 式とともに重要な微分方程式の 1 つである．

(a) 単振動する質点に速度に比例する抵抗力が加わった減衰振動の運動方程式

(b) コイル，コンデンサ，抵抗を直列接続した LCR 回路の電気的振動［関連実験テーマ：電気回路の共振現象］

(5) 非同次 2 階微分方程式

$$\frac{\mathrm{d}^2 y}{\mathrm{d}x^2} + 2a\frac{\mathrm{d}y}{\mathrm{d}x} + b^2 y = f(x) \tag{E.12}$$

微分方程式は，(E.9) 式に非同次項 $f(x)$ が付加されたもので，この形の微分方程式で表される現象としては，次の例が挙げられる．

(a) 減衰振動する質点の強制振動

(b) コイル，コンデンサ，抵抗を直列接続した LCR 回路に振動電圧を加えたときの応答 (共振現象，共鳴吸収現象)［関連実験テーマ：電気回路の共振現象］

微分方程式の一般解 y は，右辺が 0 のときの一般解を $y_{0\mathrm{G}}$，右辺が $f(x)$ のときの特解を y_P とすると，$y = y_{0\mathrm{G}} + y_\mathrm{P}$ で与えられる．$y_{0\mathrm{G}}$ は (E.11) 式のように求められる．また，特解 y_P は一般的に公式によって計算することもできるが，$f(x)$ が三角関数，指数関数などの特別な関数の場合には，特解の形を予想することができるので，代入法によって容易に求めることができる．

(6) 連立 1 階線形微分方程式

最も簡単な連立微分方程式の例として，

$$\frac{\mathrm{d}y_1}{\mathrm{d}x} + ky_2 = 0, \qquad \frac{\mathrm{d}y_2}{\mathrm{d}x} - ky_1 = 0 \tag{E.13}$$

がある．実験テーマ「磁場中の電子の運動」の解説で導かれているように，一様な磁場中での荷電粒子の運動は，適当に座標軸を選べば，この形の微分方程式に帰着される．

2 式から y_2 を消去すれば，y_1 についての微分方程式が得られる．

$$\frac{\mathrm{d}^2 y_1}{\mathrm{d}x^2} + k^2 y_1 = 0. \tag{E.14}$$

これらの式から，y_1, y_2 の一般解は次式で与えられる．

$$
\begin{aligned}
y_1 &= A\sin\left(kx\right) + B\cos\left(kx\right) \\
y_2 &= -A\sin\left(kx\right) + B\cos\left(kx\right).
\end{aligned} \tag{E.15}
$$

E.4　減衰振動子と LCR 回路における共振現象

減衰振動する質点に外部から強制振動力 $F_0 \cos(\omega t)$ を加えたときの運動方程式は

$$m\frac{\mathrm{d}^2 x}{\mathrm{d}t^2} = -kx - r\frac{\mathrm{d}x}{\mathrm{d}t} + F_0 \cos(\omega t) \tag{E.16}$$

直列 LCR 回路に正弦振動電圧 $V_0 \cos(\omega t)$ を与えたときの電気振動の微分方程式は

$$L\frac{\mathrm{d}^2 q}{\mathrm{d}t^2} + R\frac{\mathrm{d}q}{\mathrm{d}t} + \frac{q}{C} = V_0 \cos(\omega t) \tag{E.17}$$

で表される．特に，後者の微分方程式は，本指針の実験テーマ「13 電気回路の共振現象」で観察，測定する LCR 回路の共振現象を示す．

これら 2 つの微分方程式は，$2a = \dfrac{r}{m}$，$b^2 = \dfrac{k}{m}$，$f_0 = \dfrac{F_0}{m}$，あるいは $2a = \dfrac{R}{L}$，$b^2 = \dfrac{1}{LC}$，$f_0 = \dfrac{V_0}{L}$ とおけば，次のように同じ形式に書くことができる．

$$\frac{\mathrm{d}^2 y}{\mathrm{d}t^2} + 2a\frac{\mathrm{d}y}{\mathrm{d}t} + b^2 y = f_0 \cos(\omega t) \tag{E.18}$$

ここで知りたいのは，十分時間が経過した後 $t \to \infty$ における LCR 回路の応答である．「E.3 定係数線形常微分方程式」の (4), (5) の結果からわかるように，$t \to \infty$ では，一般解は $y_{0\mathrm{G}} \to 0$ となるので，$y \to y_\mathrm{P}$ となる．すなわち，十分時間が経過した後の解 (定常解という) は微分方程式の特解で与えられる．この特解は次のようにして代入法で求めることができる．

微分方程式の特解を

$$y_\mathrm{P} = A\cos(\omega t) + B\sin(\omega t) \tag{E.19}$$

とおき，上式に代入して得られる A, B についての連立方程式

$$\left(b^2 - \omega^2\right) A + 2a\omega B = f_0$$
$$-2a\omega A + \left(b^2 - \omega^2\right) B = 0 \tag{E.20}$$

を解いて，

$$A = \frac{\left(b^2 - \omega^2\right) f_0}{\left(\omega^2 - b^2\right)^2 + 4a^2\omega^2}, \quad B = \frac{2a\omega f_0}{\left(\omega^2 - b^2\right)^2 + 4a^2\omega^2} \tag{E.21}$$

が得られる．

これらの結果を用いて，特解 y_P は次式で与えられる．

$$y_\mathrm{P} = A\cos(\omega t) + B\sin(\omega t) = y_0 \cos(\omega t + \delta) \tag{E.22}$$
$$y_0 = \sqrt{A^2 + B^2} = \frac{f_0}{\sqrt{\left(\omega^2 - b^2\right)^2 + 4a^2\omega^2}}, \quad \tan\delta = -\frac{B}{A} = \frac{2a\omega}{\omega^2 - b^2}.$$

微分方程式に関する参考書

(1) 矢嶋信男著：常微分方程式 (理工系の数学入門コース 4, 岩波書店)
(2) 和達三樹著：物理のための数学 (物理入門コース 10, 岩波書店)
(3) 吉田耕作著：微分方程式の解法 (岩波全書)

F 運動量保存とガウス加速器

F.1 実験の目的

鋼球を使った運動量保存則の測定と，磁石球によるガウス加速器の観測を行う．運動エネルギー・運動量や位置エネルギーといったごく単純な理屈付けから複雑な運動が生まれることを実感しよう．原子のエネルギー準位や人工惑星のスイングバイなども連想できるであろう．

F.2 実験の背景となる理論

運動量保存則

今回の実験はすべて1次元上の移動，つまりレールの上だけで考える．質量 m [kg] の物体が速度 $\boldsymbol{v}$ [m/s] で移動するとき (ここで $\boldsymbol{v}$ はベクトルである)，この物体は移動方向に $m\boldsymbol{v}$ [kg m/s] の運動量を持つという．

次に，一直線上を速度 $\boldsymbol{v}_1$, $\boldsymbol{v}_2$ で運動する質量 m_1, m_2 の2つの鋼球 ①, ② を考える．これらが衝突し，速度が $\boldsymbol{v}_1{}'$, $\boldsymbol{v}_2{}'$ になったとすると，ほかに力を受けなかった場合衝突の前後で運動量の総和は一定となる．つまり $m\boldsymbol{v}_1 + m\boldsymbol{v}_2 = m\boldsymbol{v}_1{}' + m\boldsymbol{v}_2{}'$ となり，これを運動量保存則が成り立つという．

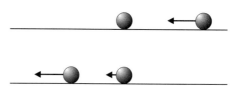

運動エネルギー

質量 m [kg] の物体が右方向へ速度 v [m/s] で移動するとき，この物体の並進運動のエネルギーは $K_{\mathrm{T}} = \frac{1}{2}mv^2$ [J] となる．鋼球のように回転運動をする場合には，それに加えて $K_{\mathrm{R}} = \frac{1}{2}I\omega^2$ [J] の回転運動のエネルギーを持つ．ω [rad/sec] は回転の角速度である．I [kg m²] は慣性モーメントと呼ばれる．今回使用する剛球のような均質な球体が回転する場合，慣性モーメントは $I = \frac{2}{5}mR^2$ であり，角速度と運動速度は，球が滑らずに回転するときは $v = R\omega$ の関係になる．

レールと球の関係を具体的に計算してみる．剛球の半径を R [m]，レールの内幅を Δ [m]，球の中心から左右のレールの先端を結んだ水平面までの距離を r [m] とすれば，これらの間には三平方の定理から $R^2 = r^2 + \left(\dfrac{\Delta}{2}\right)^2$ と $v = r\omega$ の関係がある．これらを代入すると回転運動のエネルギーは $K_{\mathrm{R}} = \frac{1}{2}I\omega^2 = \frac{1}{2} \times \frac{2}{5}mR^2 \times \left(\dfrac{v}{r}\right)^2 = \frac{1}{2}mv^2 \times \frac{2}{5} \times \dfrac{1}{1 - \left(\dfrac{\Delta}{2R}\right)^2}$ となる．結局，剛球がレールを滑らずに速度 v で並進運動しているとき，剛球が持つ並進運動と回転運動のエネルギーの合計は

$$K_{\mathrm{T}} + K_{\mathrm{R}} = \frac{1}{2}mv^2 + \frac{1}{2}I\omega^2 = \frac{1}{2}mv^2 \left[1 + \frac{2}{5} \times \dfrac{1}{1 - \left(\dfrac{\Delta}{2R}\right)^2} \right]$$

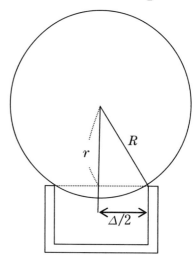

と表すことができる．この実験ではレールの幅 $\Delta = 4.2\,\mathrm{mm}$，剛球と磁石球の半径は $R = 5.00\,\mathrm{mm}$ である．

磁力による位置エネルギー

　磁石球 A が原点に固定されているとき，そこから x の位置にある鋼球 B を磁力に逆らって無限遠方 (この実験では 5 cm 以上離れていれば無限遠方と見なしてもよい) まで引き離すのに必要な仕事を $W(x)$ とする．磁石球 A–鋼球 B 間の距離が無限大の時の，磁力による位置エネルギーを 0 とすると，点 x における磁力による位置エネルギー $U(x)$ は $U(x) = -W(x)$ となる．

F.3　使用する装置

- 棒付きプラスチックレール　1つ
- 銀色の剛球　5つ
- 金色のネオジム磁石球　1つ
- ビースピ (速度測定器)　2つ
- ビースピの足に使う木片　4つ

F.4　実験

実験の準備

　二人一組となり，剛球を転がす人と，ビースピの操作をしてデータの記録などをする人を決める．剛球は利き手でペンなどをはじいて転がすことになるので，転がす人の利き手が右利きの場合は向かって右に座り右から左へと転がす．左利きの場合は左に座り左から右へ転がす．以下，左利きの人は左と右を読み替えること．

(1) 棒付きプラスチックレール (以下レールと略) を机の上に置き，剛球を 2 つレールの上，中央付近に置く．剛球が勝手に転がらないようにレールの下に紙を置くなどして，水平に保つ．

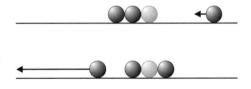

(2) レールから球が飛び出さないように，レールの端にストッパーとなるものを置く (なんでもよい)．

(3) ガウス加速器のテストを行う．右図上のように金色のネオジム磁石球を 2 つの剛球の右に置き，その右からもう一つの剛球をゆっくりと転がす．磁石球に衝突した瞬間，一番左の球が猛スピードで転がることを確認できる．何度か試行し練習する．

(4) すべての剛球と磁石球を取り除く．写真のようにビースピ 2 台を，レールをまたぐよう木片の上に載せて，ビースピ 2 台の間に 1 つ剛球を置く．一番右に剛球を 1 つ置く．この状態で実験 1 のための準備ができた．

実験 1

この実験では右にある剛球 ① を鉛筆やボールペンでゴルフのパットのように転がし，ビースピ2台の間にある静止している剛球 ② に衝突させて，入射した剛球 ① の速度 v_1 と射出された剛球 ② の速度 v_2 を測定する．衝突の直前・直後の速度を測定するため，ビースピの間隔はできる限り狭くする．

ビースピについている青いボタンを1秒押し続けると「km/h」表示が点滅し測定待ちの状態になる．このとき球が通過するとそのときの速度が表示される．この後，軽く青いボタンを押すとリセットされ再度測定待ちの状態になる．もし「km/h」表示が点滅しない場合は違うモードになっているので，1秒押し続けることを何度か繰り返すと，「km/h」表示が点滅する速度測定モードになる．

剛球 ① を鉛筆やボールペンでゴルフのパットのようにはじいて転がし，3種類の異なる速度で衝突させ，3つの v_1 と v_2 の速度の組を求める．ただし，この実験は少し難しいので失敗しやすい．このため以下のようにやってみよ．v_1 が 1.0〜2.0 km/h となるような衝突を10回程度繰り返し，データをノートに記録する．その多数の測定セットのうち $v_2/v_1 < 1.0$ で，かつ大きいものから3つを選び出し，それをテキストの最後についている演習用レポート用紙に記入する．これが実験1の結果となる．このレポートは個人ごとに採点するので，実験に参加した2人それぞれが1枚ずつ作成する．

実験 2

この実験では，実験1で入射する剛球 ① を手ではじく代わりに，ガウス加速器を用いて発射する．その結果を実験1の場合と比較する．当然，速度は実験1より速くなるため，v_1 が 6.0 km/h より大きくなるように調節せよ．また剛球が勝手に動き出さないように，紙などをレールの下にはさんで，水平を保つこと．

右図で，実験1のようにビースピ2台の間に剛球 ② を配置し，ガウス加速器(剛球2個と磁石球1個)を入射位置に配置する．そのさらに右側少し離れたところに剛球を配置し，剛球を1つボールペンや鉛筆ではじいて低速で磁石球に衝突させる．ガウス加速器から剛球が発射され，剛球 ② に衝突し v_1 と v_2 が測定できる．

実験1と同じように，v_1 が 6.0 km/h 以上となるような衝突を10回程度繰り返し，データをノートに記録する．その多数の測定セットのうち $v_2/v_1 < 1.0$ で，かつ大きいものから3つを選び出し，それを演習用レポート用紙に記入する．これが実験2の結果となる．

F.5 考察

実験1も実験2も，v_2 は v_1 より小さくなっており，レールとの摩擦や剛球の衝突によるエネルギーの散逸がその原因の1つである．しかしそれでも実験1と実験2の結果では異なる傾向が見られる．たとえば実験1と実験2の v_2/v_1 の大きさの違いなど．なぜこのような違いが見られるのか，その理由を推察せよ．

実験 3

この実験ではガウス加速器全体のもつエネルギーを推察し概算する．剛球と磁石球1個あたりの質量を等しく $m = 4.0\,\mathrm{g}$ とする．ガウス加速器に入射する剛球の速度を限りなく小さくすると，最初の全体の運動量はゼロと見なしてよい．ガウス加速器から剛球が発射された瞬間，この剛球が速度 v_1 を持つとすると，

運動量は mv_1 となる．作用反作用の法則から，ガウス加速器の残された 3 つの球も発射の瞬間 $-mv_1$ の運動量を持つ．実際に反対に飛んでいる (反跳) ことを確認せよ．ガウス加速器の質量は $3m$ であるので，実際のガウス加速器の反跳速度 v_G は $-mv_1 = -3mv_G$ から $v_G = v_1/3$ となる．結局，ガウス加速器の持つエネルギーは

$$\frac{1}{2}mv_1{}^2 + \frac{1}{2}(3m)v_G{}^2 = \frac{1}{2}mv_1{}^2 + \frac{1}{2}(3m)\left(\frac{v_1}{3}\right)^2 = \frac{2}{3}mv_1{}^2$$

となる．

ガウス加速器の射出点の直後にビースピを 1 台おき，v_1 を 3 回測定する．それぞれの v_1 から平均を求めて，$m = 4.0\,\mathrm{g} = 4.0 \times 10^{-3}\,\mathrm{kg}$ としてガウス加速器の持つエネルギーを計算せよ．v_1 は km/h ででるので，$1\,[\mathrm{km/h}] = 1000/3600\,[\mathrm{m/s}]$ を使って $[\mathrm{m/s}]$ に換算する．

実験 4

より多数の鉄球・磁石球，真ちゅうやガラスといった別の材質の剛球や，15 mm のサイズの剛球，幅や材質の違うレールを使って，どのようにすれば最も射出球の速度が速くなるか系統立てて (総当たり式で) 確かめてみよ．すべてのデータは必ず記録しておくこと．

参考文献

(1) 全国物理コンテスト　物理チャレンジ 2006 問題

レポートの例

この紙はあくまで参考です．テキストの最後についている演習用紙に名前と学籍番号を記入して，そちらに以下のように書いてください．

実験 1

	測定 1	測定 2	測定 3
v_1 [km/h]			
v_2 [km/h]			

実験 2

	測定 1	測定 2	測定 3
v_1 [km/h]			
v_2 [km/h]			

考察 (枠は書く必要はない)

実験 3

	測定 1	測定 2	測定 3	平均
v_1 [km/h]				

エネルギーの計算

考察

(以下，足りなければ裏側に回ってもよい．)

この物理学実験指針の内容について，記述の誤り，誤植などお気づきの場合には，ご教示下さるようお願いいたします．

名古屋大学 教養教育院物理学実験

物理学実験テキスト　物理学実験指針

2007 年 9 月 30 日　　第 1 版　第 1 刷　発行
2024 年 9 月 30 日　　第 1 版　第 18 刷　発行

編　　者　　名古屋大学教養教育院物理学実験室
監　　修　　千代勝実・井村敬一郎
発 行 者　　発 田 和 子
発 行 所　　株式会社　学術図書出版社
〒 113-0033　東京都文京区本郷 5 丁目 4 の 6
TEL 03-3811-0889　振替　00110-4-28454
印刷　三和印刷 (株)

学部	科目	物理学実験 重力加速度	日付		採点結果 Score		

学籍番号 Student No.									氏名 Name	

重力加速度

実験日 _____ 年 ___ 月 ___ 日 ___ 曜日　グループ名 ___　机番号 ___

(協力者: 学生番号 [　　　　　　] 氏名_____)

実験の目的

周期の測定データ

回数	t_1		回数	t_2		$t_2 - t_1$	平均値との差	その 2 乗
	min	s		min	s	s	s	
0								
10			110					
20			120					
30			130					
40			140					
50			150					
60			160					
70			170					
80			180					
90			190					
100			200					
						計		計
						10 で割った平均 $100T =$		$10 \cdot (10-1) = 90$ で割った平均 $(\delta 100T)^2 =$

半径 R の測定データ

	1 回目	2 回目	3 回目	平均
周期測定前	cm	cm	cm	cm

l_0 の測定データ

	1 回目	2 回目	3 回目	平均
周期測定前	cm	cm	cm	cm
周期測定後	cm	cm	cm	cm
			平均	cm

周期の測定値 $(T \pm \delta T)$	振子の長さの測定値 $(h_0 \pm \delta h_0)$	重力加速度の測定値 $(g \pm \delta g)$

学籍番号 Student No.									氏名 Name	

等電位線

実験日 ＿＿＿ 年 ＿＿ 月 ＿＿ 日 ＿＿ 曜日　グループ名 ＿＿　机番号 ＿＿

(協力者: 学生番号 ⬚⬚⬚⬚⬚⬚⬚ 氏名＿＿＿＿＿＿＿＿＿＿＿)

実験の目的	実験条件

【考　察】

磁場中の電子の運動

実験日 ＿＿＿ 年 ＿＿ 月 ＿＿ 日 ＿＿ 曜日　グループ名 ＿＿＿　机番号 ＿＿＿

(協力者: 学生番号 ＿＿＿＿＿＿＿ 氏名＿＿＿＿＿＿＿＿＿＿＿)

実験の目的

観察 1，観察 2 の結果

$V - (Ir)^2$ のグラフ

軌道半径 − 加速電圧の測定データ

($I =$ ＿＿＿＿＿ A の場合)

加速電圧 $V(\mathrm{V})$	軌道半径 $r \ (10^{-2}\,\mathrm{m})$	$(Ir)^2$ $(10^{-3}\,\mathrm{A}^2\,\mathrm{m}^2)$

電子の比電荷 e/m

【考 察】

| 学籍番号 Student No. | | | | | | | | | | 氏名 Name | |

固体の比熱

実験日 ＿＿＿ 年 ＿＿ 月 ＿＿ 日 ＿＿ 曜日　グループ名 ＿＿＿　机番号 ＿＿＿

(協力者: 学生番号 ＿＿＿＿＿＿　氏名＿＿＿＿＿＿＿＿＿＿＿)

実験の目的

(1)　測定結果

試料とヒーターブロックの加熱データ

時刻 (min s)	V_T(mV)
0	
1	
2	
3	
4	
5	
6	
7	
8	
9	
10	
11	
12	
13	
14	
15	

	初め	終わり
室温 °C		
湿度　%		

	I_H(A)	V_H(V)	$I_H V_H$(W)

平均　$\langle I_H V_H \rangle =$ ＿＿＿＿＿＿＿ (W)

時刻 (min s)	V_T(mV)
16	
17	
18	
19	
20	
21	
22	
23	
24	
25	
26	
27	
28	
29	
30	
31	
32	
33	
34	
35	
36	

加熱開始時刻 $t_i =$ ＿＿＿＿＿ min ＿＿＿＿ s,　終了時刻 $t_f =$ ＿＿＿＿＿ min ＿＿＿＿ s

加熱時間 $\Delta t =$ ＿＿＿＿＿ s

試料の質量 $m =$ ＿＿＿＿＿ g

ヒーターブロックの熱容量 $w_h =$ ＿＿＿＿＿ J/K

(2) (熱起電力 V_T の時間変化を表すグラフをテキストのグラフ用紙を用いて書く.)

試料とヒーターブロックに対する温度上昇分に相当する ΔV_T の読み取り値
$\Delta V_T =$ _____ mV

(3) 温度の上昇

$$\Delta T = \frac{\Delta V_T}{4.05 \times 10^{-2}\,\text{mV/}^\circ\text{C}} = \frac{\text{_____ mV}}{4.05 \times 10^{-2}\,\text{mV/}^\circ\text{C}} = \text{_____}\,^\circ\text{C}$$

(4) 試料とヒーターブロックの熱容量

$$w_{\text{sh}} = \frac{\langle I_H V_H \rangle \Delta t}{\Delta T} = \frac{\text{_____} \text{A} \times \text{_____} \text{V} \times \text{_____} \text{s}}{\text{_____} \text{K}} = \text{_____} \text{J/K}$$

(5) 試料の比熱

$$c = \frac{w_{\text{sh}} - w_{\text{h}}}{m} = \frac{\text{_____} \text{J/K} - \text{_____} \text{J/K}}{\text{_____} \text{g}} = \text{_____} \text{J/(K g)}$$

測定した温度範囲 (_____) ～ (_____) °C

【考察】

— R8 —

| 学籍番号
Student No. | | | | | | | | | 氏名
Name | |

回折格子による光の波長測定

実験日 ＿＿＿ 年 ＿＿ 月 ＿＿ 日 ＿＿ 曜日　グループ名 ＿＿　机番号 ＿＿

(協力者: 学生番号 □□□□□□□ 氏名＿＿＿＿＿＿＿＿＿＿)

実験の目的

0 次のスペクトルの角度の読み

1 次のスペクトルの測定データ

	赤	緑	青	青紫
+1 次の角度の 読み θ_1	° ′			
−1 次の角度の 読み θ_{-1}				
±1 次の 角度差 2θ				
回折角の値 θ				

カドミウムの線スペクトルの波長

	赤	緑	青	青紫
回折角 θ	° ′			
波長 λ (nm)				

【問題の解答】

【考 察】

【考 察】

| 学籍番号 Student No. | | | | | | | | | 氏名 Name | | |

放射能の測定

実験日 ____ 年 ___ 月 ___ 日 ___ 曜日 グループ名 ___ 机番号 ___

(協力者: 学生番号 [　　　　　　] 氏名_____)

実験の目的

(1) 自然計数の測定

回数	計数時間 (min)	毎分計数 (min^{-1})
1	1	
2	1	
3	1	
4	1	
5	1	
	平均 N_B	

(2) β 線の計測

吸収板番号	厚さ D (mg/cm^2)	計数時間 (min)	毎分計数 N (min^{-1})	$N - N_B$ (min^{-1})	$\log_e(N - N_B)$

(注：計数値に明確な変化が見られない場合は，厚めの吸収板を用いるとよい．)

(3) 放射能の強さ

吸収補正：

アルミ箔　 $4.3\,mg/cm^2$

空気　　　 $1.2 \times h = $　　　　　　 mg/cm^2　　　 ($h = $　　　　 cm)

雲母箔　　 $1.8\,mg/cm^2$

___

合計　　　 $\Delta = $　　　　　 mg/cm^2

吸収補正した計測値： $N_0 - N_B = $　　　　　 min^{-1}

吸収曲線のグラフ：(テキストのグラフ用紙を用いること)

(注：$N - N_B$ は D の変化に伴い指数関数的な変化が予想される．$N - N_B$ を D に対してプロットする場合は片対数用紙を用い，$\log_e(N - N_B)$ を D に対してプロットする場合は方眼紙を用いることに注意せよ．)

$D = -\Delta$ での外挿値： $Y_0 = \log_e(N_0 - N_B) = $

幾何学的補正：

　　線源と GM 管の距離：$h =$ ＿＿＿ cm

　　GM 管の窓の半径：$r = 1.25\,\text{cm}$

　　幾何学的補正因子 (テキストの式 (12.9) に代入)：$G =$

放射能の強さの計算：$A = \dfrac{N_0 - N_\text{B}}{60 \times G} =$ ＿＿＿ s^{-1}

線源 No.＿＿＿ の放射線の強さ：$A =$ ＿＿＿ Bq

(4) 統計的変動の観察

計数値の大きい場合
(吸収板なし)

回数	毎分計数 $N(\text{min}^{-1})$	$(N - \langle N \rangle)^2$
1		
2		
3		
4		
5		
6		
7		
8		
9		
10		
合計		

　　ゆらぎの測定値：$\sigma_N =$

　　ゆらぎの理論値：$\sqrt{\langle N \rangle} =$

計数値の小さい場合
(吸収板の厚さ：＿＿＿ mg/cm^2)

回数	毎分計数 $N(\text{min}^{-1})$	$(N - \langle N \rangle)^2$
1		
2		
3		
4		
5		
6		
7		
8		
9		
10		
合計		

　　ゆらぎの測定値：$\sigma_N =$

　　ゆらぎの理論値：$\sqrt{\langle N \rangle} =$

【考察】

学籍番号 Student No.										氏名 Name		

オシロスコープ

実験日 _____ 年 ___ 月 ___ 日 ___ 曜日　グループ名 ___　机番号 ___

(協力者: 学生番号 [　　　　　　　] 氏名_____)

実験の目的

位相差の測定結果

接点番号	0	5	10	15	20
R (kΩ)					
τ (μs)					
δ_1 (度)					
$2a$ (目盛)					
$2b$ (目盛)					
長軸の傾きの正負					
δ_2 (度)					
δ_0 (度)					

【考　察】

学部	科目	物理学実験　共振回路	日付		採点結果 Score		

学籍番号 Student No.										氏名 Name	

電気回路の共振現象

実験日 ＿＿＿＿年＿＿＿月＿＿＿日＿＿＿曜日　グループ名＿＿＿　机番号＿＿＿

（協力者: 学生番号 ☐☐☐☐☐☐☐ 氏名＿＿＿＿＿＿＿＿＿＿＿＿＿）

実験の目的

共振周波数の理論値の計算（式も書く）

V_R の振幅が最大になる周波数

【考察】

学籍番号　　　　　　　　　　　　　　　　　氏名

学籍番号 Student No.　　　　　　　　　氏名 Name

物性

実験日 ＿＿＿ 年 ＿＿ 月 ＿＿ 日 ＿＿ 曜日　グループ名 ＿＿＿　机番号 ＿＿＿

(協力者: 学生番号 ＿＿＿＿＿＿ 氏名＿＿＿＿＿＿＿＿＿＿)

実験の目的

(4-1)

室温 (常温) ＿＿＿＿＿ ± ＿＿＿＿ ℃ = ＿＿＿＿ ± ＿＿＿＿ K

カーボン抵抗の抵抗値　(常温) ＿＿＿＿ ± ＿＿＿＿ Ω

(77.4 K) ＿＿＿＿ ± ＿＿＿＿ Ω

銅線の長さ ＿＿＿＿ ± ＿＿＿＿ m

電流 (A)	0.8	0.6	0.4	0.2	0.0
常温での端子電圧 (V)					
77.4 K での端子電圧 (V)					

銅線の抵抗の実験値　常温 ＿＿＿＿ ± ＿＿＿＿ Ω　77.4 K ＿＿＿＿ ± ＿＿＿＿ Ω

銅線の抵抗の理論値　常温 ＿＿＿＿ ± ＿＿＿＿ Ω　77.4 K ＿＿＿＿ ± ＿＿＿＿ Ω

(考察)

(4-2)

白金抵抗温度計の抵抗値　(273.1 K) ＿＿＿＿ ± ＿＿＿＿ Ω

(77.4 K) ＿＿＿＿ ± ＿＿＿＿ Ω

$R = aT + b$ の係数　$a =$ ＿＿＿＿ ± ＿＿＿＿　$b =$ ＿＿＿＿ ± ＿＿＿＿

(4-3)

高温超伝導

白金抵抗温度計の抵抗値 ＿＿＿＿ ± ＿＿＿＿ Ω

超伝導転移温度 ＿＿＿＿ ± ＿＿＿＿ K

(考察)

(4-4)

磁性

白金抵抗温度計の抵抗値 ＿＿＿＿ ± ＿＿＿＿ Ω　キュリー温度 ＿＿＿＿ ± ＿＿＿＿ K

【考 察】

【自由課題】

第 ___ 回 演習 _____

演習日 ____ 年 ___ 月 ___ 日 ___ 曜日

学生番号 | | | | | | | | - 氏名 _____

第 ___ 回 演習 _____

第 ___ 回 演習 _____

演習日 ____ 年 ___ 月 ___ 日 ___ 曜日

学生番号 ☐☐☐・☐☐☐☐ 氏名 _____

第 ___ 回 演習 _____

演習日 ____ 年 ___ 月 ___ 日 ___ 曜日

学生番号 [ ][ ][ ][ ][ ][ ][ ] 氏名 _____

第 ___ 回 演習 _____

演習日 ____ 年 ___ 月 ___ 日 ___ 曜日

学生番号 □□□□□□□ 氏名 _____